YouTube

Perfect GuideBook

［改訂第3版］

田口 和裕・タトラエディット

ソーテック社

YouTube、Google、Google アカウント、Google Chrome、Android、その他 Google サービスは、Google Inc. の米国およびその他の国における登録商標または商標です。iPhone は、Apple Inc. の米国およびその他の国における登録商標または商標です。iPhone の商標はアイホン株式会社のライセンスに基づき使用されています。

その他本書に登場する製品名・サービス名は、関係各社の商標または登録商標であることを明記して、本文中での表記を省略します。

システム環境、ハードウェア環境によっては本書どおりに動作および操作できない場合がありますので、ご了承ください。

本書の内容は執筆時点においての情報であり、予告なく内容が変更されることがあります。また、本書に記載された URL は執筆当時のものであり、予告なく変更される場合があります。

本書の内容の操作によって生じた損害、および本書の内容に基づく運用の結果生じた損害につきましては、著者および株式会社ソーテック社は一切の責任を負いませんので、あらかじめご了承ください。

本書の制作にあたっては、正確な記述に努めていますが、内容に誤りや不正確な記述がある場合も、当社は一切責任を負いません。

はじめに

　地上波テレビが視聴率の低下に悩まされる一方、YouTubeは着実に市民権を獲得しユーザーを増やし続けています。YouTubeの登場は2005年。当時、テレビに変わる映像メディアとして注目した人はほとんどいなかったでしょう。しかし、ブロードバンド化が進み、スマートフォンなどの登場で誰でも気軽に映像の視聴や投稿ができるようになると、YouTubeの存在意義は誰もが認めるところとなってきました。

　YouTubeには、世界中のユーザーが投稿したさまざまな動画が集まっています。投稿される動画の数は1分間に100時間分とも言われます。これは、民放5局が丸1日放送する番組の長さに相当します。YouTubeへ動画を投稿しているのは、ほとんどが一般のユーザーです。テレビ局のカメラマンのような技術もなければ、高度な編集がされているというわけでもありません。その多くは豪華でキラキラとした舞台ではなく、いつも見ているような景色です。にもかかわらず、多くの人が夢中になるのは素のままの面白さがあるからではないでしょうか。

　価値のある動画は、FacebookやTwitter、Google＋といったSNSを通じてどんどん広がっていきます。多くの人が見てくれているという喜びは、また新しい動画を投稿するモチベーションにもつながっているのでしょう。

　ただ、YouTubeには驚くほど多くの機能が用意されているので、「多すぎて何をすればいいかわからない」、「操作がわかりにくい」と思ってしまう人もいるでしょう。

　本書は2012年に執筆した『YouTube Perfect GuideBook（2012年・刊）』をもとに、最新版のYouTubeに対応できるよう徹底的に検証を行い、ほぼすべてのページを書きなおしています。動画の検索・視聴といった基本操作はもちろん、投稿や動画を広めるためのテクニックやYouTubeを収益化する方法についても解説しています。特に使いやすくなったスマートフォンアプリにも大きくページを割いています。

　YouTubeを使用している際、迷うことがあったらこの本をパラパラとめくってみてください。きっとお役にたてることでしょう。

2015年11月 吉日

著者を代表して　田口和裕

YouTube Perfect GuideBook

CONTENTS

はじめに 3
CONTENTS 4
本書の使い方 8
INDEX 205

Part 1　YouTubeをはじめよう 9

Step 1-1	YouTube ってなんだろう 10
Step 1-2	Googleアカウントを作成してYouTubeにログインする 14
Step 1-3	マイチャンネルにプロフィール情報を設定する 16
Step 1-4	ログアウトする 21
Step 1-5	YouTubeのトップ画面の構成 22

Part 2　動画の閲覧と管理 23

Step 2-1	動画を検索して閲覧する 24
Step 2-2	動画に表示される広告を消す 25
Step 2-3	動画を早送り／拡大／再生設定を変更する 26
Step 2-4	再生中の動画に関連する動画をチェックする 29
Step 2-5	YouTubeがおすすめする動画を見る 30
Step 2-6	履歴から動画を再生する 31
Step 2-7	検索結果をさまざまな条件で絞り込み／並べ替えする 32
Step 2-8	視聴中の動画の投稿者の他の動画を観てみる 35
Step 2-9	動画に高評価／低評価を付ける 36

Step 2-10	動画にコメントを送る	37
Step 2-11	観ている動画をSNSで共有する	38
Step 2-12	動画のURLをメールで送信する	41
Step 2-13	自分のブログにお気に入り動画を貼り付ける	42
Step 2-14	不適切な動画の存在を報告する	43
Step 2-15	YouTubeの画面に表示される言語を変更する	44
Step 2-16	時間がないときは「後で見る」に記録しておく	45
Step 2-17	再生リストを作って好きな動画を一気に連続プレイ	46
Step 2-18	再生リスト内の動画を整理する	50
Step 2-19	再生リストの公開設定を変更する	56

Part 3 チャンネルを使いこなす ……… 57

Step 3-1	投稿者の「チャンネル」を見る	58
Step 3-2	チャンネルを視聴登録しよう	61
Step 3-3	チャンネル登録を解除する	65
Step 3-4	登録チャンネルを管理する	66
Step 3-5	マイチャンネルを見る	68
Step 3-6	チャンネルアートとアイコンの変更	70
Step 3-7	マイチャンネルで公開される自分の情報を限定する	72
Step 3-8	マイチャンネルの「ホーム」をカスタマイズする	74
Step 3-9	「フリートーク」タブでコメントする	78
Step 3-10	マイチャンネルの説明文／外部リンク／おすすめチャンネルを設定する	79
Step 3-11	マイチャンネルの詳細設定	82

Part 4 動画のアップロードと加工 ・・・・・・・・・・・・・・・・・ 83

Step 4-1	アップロードの前の準備 84
Step 4-2	動画をアップロードする 86
Step 4-3	投稿した動画の確認と情報の編集 92
Step 4-4	投稿した動画を削除する／非公開設定にする 94
Step 4-5	15分以上の長さの動画をアップする 96
Step 4-6	動画加工ツールを使って動画に効果を加える 97
Step 4-7	動画にBGMを付ける 102
Step 4-8	アノテーションを追加する 105
Step 4-9	複数の動画を1本につなげる 113
Step 4-10	動画に「カード」を挿入する 122
Step 4-11	動画に字幕を挿入する 124
Step 4-12	「ライブストリーミング」で生放送を配信する ... 126
Step 4-13	アップロードのデフォルト設定 131

Part 5 広告の表示とアナリティクス ・・・・・・・・・・・・・・ 133

Step 5-1	動画の広告収益のしくみ 134
Step 5-2	広告収益を受け取るための設定 136
Step 5-3	動画ごとに広告の設定をする 141
Step 5-4	アナリティクスを使って再生の状況を見る 143
Step 5-5	ダッシュボードを見る 153

Part 6 スマートフォンからYouTubeを楽しむ　155

Step 6-1	iPhoneのYouTubeアプリを使う	156
Step 6-2	AndroidのYouTubeアプリを使う	160
Step 6-3	スマートフォンから投稿する	163
Step 6-4	YouTubeクリエイターツールで動画を管理する	169
Step 6-5	YouTubeモバイルを使う	172

Part 7 その他の詳細設定と活用ワザ　173

Step 7-1	複数のチャンネル／アカウントを使用する	174
Step 7-2	年齢制限付き動画の閲覧環境を確認する	178
Step 7-3	通知設定／再生方法の設定をする	180
Step 7-4	動画の投稿などを自動的にTwitterに投稿する	181
Step 7-5	メッセージをやり取りする	182
Step 7-6	再生履歴を消す	184
Step 7-7	Chromeの拡張機能を使う	186
Step 7-8	おすすめChrome拡張機能①「Turn Off the Lights」	190
Step 7-9	おすすめChrome拡張機能②「HD For YouTube」	192
Step 7-10	YouTubeで使えるショートカット	193
Step 7-11	他のGoogleサービスでYouTube動画を使用する	194
Step 7-12	映画をレンタルする	198
Step 7-13	YouTubeをテレビで楽しむ	203
Step 7-14	YouTube Redとは	204

本書の使い方

本書は、次のようにページが構成されています。各 Step ごとに内容がまとめられ、見出しに対応した図の手順で YouTube の操作をマスターすることができます。

Step のタイトルです。

リードは、Step の内容を簡潔にまとめています。

操作内容の見出しです。

操作の手順を図解で説明しています。図のとおりに操作することで、だれでも簡単に YouTube の操作をマスターできます。

ちょっと便利な操作や詳しい解説を掲載しています。

YouTube Perfect GuideBook

Part 1

YouTubeをはじめよう

YouTubeは、インターネット上にアップロードされた膨大な動画を自由に検索・閲覧できるビデオライブラリです。Part1では動画の視聴、ユーザー登録、動画の投稿など、YouTubeでできることを簡単に紹介しましょう。

Part 1　YouTubeをはじめよう

Step 1-1

YouTubeってなんだろう

本書で紹介していくYouTubeとはどんなサービスなのか？　その概要と、ユーザー登録して利用開始するまでの手順を説明します。

▶ 世界中のあらゆる映像が集約される動画配信サービス

YouTubeは2005年にスタートした動画配信サービスです。インターネット接続環境があれば、誰でもPCやスマートフォンのブラウザやゲーム機やテレビなどのデバイスを使い、無料で視聴することができます。また、アカウントを登録すると、デフォルトで15分、ユーザー確認作業を行うことで最長11時間（128GB）の動画を投稿することが可能です。

1日に40億回以上再生される世界最大動画サイト

インターネット常時接続環境の普及もあり、YouTubeはサービス開始当初より全世界的に爆発的な人気を集めました。2006年には、Googleが運営会社であるYouTube社を買収します。現在、YouTubeはGoogleのサービスの一つです。

その後、2007年には日本語を含めた各言語に次々と対応していきます。世界中の映画会社やテレビ局、レコード会社、アニメーション制作会社、出版社などの著作権者と提携し、ユーザー投稿動画だけではなく、テレビ番組やミュージシャンのプロモーションビデオなど、公式映像の配信も数多く配信されるようになりました。現在では1日に40億回以上動画が再生され、また、全世界のユーザーから毎分72時間分の動画が投稿されています。

あらゆる動画を観られるYouTube
YouTubeのトップページ（http://www.youtube.com/）。
個人が撮影したペットの様子などのプライベートな映像から、テレビ番組、映画の予告編など、全世界のあらゆる動画が集まっています。

10

▶ YouTubeはGoogleのサービスの中の1つ

前述のとおり、YouTubeはGmailやGoogleドライブなどを運営するGoogle社のサービスの中の1つです。下図は、「Google」のトップページにアクセスした画面です。画面上のGoogleが運営するサービス一覧を開くと、この中にYouTubeへのリンクがあることがわかります。

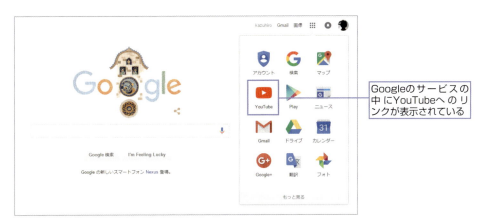

Googleのサービスの中にYouTubeへのリンクが表示されている

ログインにはGoogleアカウントを利用する

Googleの提供するサービスは、「Googleアカウント」という無料のアカウントを作成し、このアカウントでログインすることで、使うことができるようになります。YouTubeでは、動画を検索して見るだけなら、Googleアカウントでログインしなくても使用できます。しかし、例えば見た動画に評価やコメントを付けたり、自分で撮影した動画をアップロードしたりと、動画閲覧以外の機能を使うためには、Googleアカウントでのログインが必要です。本書では、アカウントを作成し、ログインしてさまざまなYouTubeの機能を使う方法を解説します。なお、すでにGoogleアカウントを所有し、Gmailなど、Googleが提供している他のサービスを利用している状態であれば、そのメールアドレスとパスワードでYouTubeにログインできます。

Googleアカウントのログインページ。メールアドレスとパスワードでログインできます

Part 1　YouTubeをはじめよう

▶ YouTubeを使ってできること

YouTubeは単なる動画を観るためだけのサービスではありません。Googleアカウントでログインすると、自ら動画を投稿したり、YouTube上のお気に入りの動画を紹介したりと、多くの人々と「動画」を通じたコミュニケーションを楽しむことができます。YouTubeを使ってできることの一部を紹介します。

動画の視聴

YouTubeの検索窓にキーワードを入力すると、関連動画が候補に表示され、視聴することができます。視聴するだけなら、Googleアカウントでのログインは必要ありません。YouTubeでは、誰でも動画を検索、再生することができます。詳しくはPart2で解説します。

動画の投稿

自分で撮影した動画をYouTube上にアップロードし、全世界の人に観てもらうこともできます。投稿動画の再生ページにはコメント欄が用意されており、ここを通じて視聴してくれた人から感想をもらったり、交流を図ることもできます。詳しくはPart4で解説します。

動画の評価

動画に評価を付けたり、あとで見るための再生リストに登録しておくことが可能です。これらは「マイチャンネル」というページで一括管理し、他のユーザーに紹介することも可能です。詳しくはPart3で解説します。

マイチャンネル

アカウント登録を行うと「マイチャンネル」という自分専用のページが作成されます。ここには自分が投稿した動画、高く評価した動画、再生リストに登録した動画などがまとめて表示されており、自分で便利に使うのはもちろん、他のユーザーに公開することもできます。詳しくはPart3で解説します。

チャンネルの登録

チャンネルには視聴登録という機能が用意されており、他のユーザーのチャンネルを登録しておけば、投稿動画やそのユーザーが高評価をつけた動画などのアクティビティがYouTubeのメインページ上に配信されます。チャンネルにはテレビ局や映画配給会社、レコード会社などの企業のものもあり、そこではテレビ番組や映画の予告編、プロモーションビデオなどが配信されています。

他のネットサービスとの連携

YouTubeにはTwitterやFacebookなどSNS（ソーシャル・ネットワーキング・サービス）との連携機能が用意されています。好きな動画のURLやタイトルなどの情報をSNS上に投稿し、共有できます。また、SNSのアカウントをYouTubeに登録しておくことで、動画投稿時などに自動的に情報を共有できます。詳しくは181ページで解説します。

Part 1　YouTubeをはじめよう

Step 1-2

Googleアカウントを作成して YouTubeにログインする

YouTubeの機能をすべて使うには、Googleアカウントでのログインが必要となります。他のGoogleのサービスを使っている場合などでGoogleアカウントをすでに取得している人はそのアカウントでログインしましょう。未取得の場合は、Googleアカウントを取得しましょう。Googleアカウントを取得すると、自動的にGoogle+ページができます。

▶ Googleアカウントをすでに持っている場合

GmailやAndroid携帯など、すでに別のサービスで利用しているGoogleアカウント（Gmailアドレス）がある場合は、そのGoogleアカウントでログインしましょう。すぐにYouTubeを利用できます。

1　「ログイン」をクリック

YouTube（https://www.youtube.com/）にアクセスします。画面右上の「ログイン」ボタンをクリックします。

Zoom　左カラムからでもOK
画面左下に表示される「ログインする」ボタンでもOKです。
左カラムが表示されない場合はYouTubeロゴの左側にある≡をクリックします。

2　Googleアカウントでログインする

普段使っているGoogleアカウント（Gmailアドレス）とパスワードでログインします。17ページのチャンネルの設定に進んでください。

Zoom　パスワードだけでいい場合もある
すでに別のサービスでGoogleアカウントを利用している場合は、候補としてそのアドレスが表示されることがあります。その場合はパスワードを入れることですぐにYouTubeを利用できます。

14

▶ Googleアカウントを新規取得してログインする

Part 1

Googleアカウントを取得すればYouTubeをフル活用できるようになります。Googleアカウントを持っていない人は新規に取得しましょう。YouTube以外にも、GmailやGoogleドライブなど、同社の各種サービスの利用も可能になります。料金は無料なので、できれば取得しておいた方がいいでしょう。

1 「アカウントを作成」をクリック

前ページ手順2のGoogleアカウントへのログインページで、「アカウントを作成」をクリックします。

2 ユーザー情報を入力

名前やGoogleアカウントで使用するユーザー名、パスワード、誕生日、性別、連絡用のメールアドレスなどを入力し、「Googleの利用規約とプライバシーポリシーに同意します。」にチェックを入れたら、「次のステップ」ボタンをクリックします。

Zoom Gmailアドレスが Googleアカウントになる

「Googleユーザー名を作成」欄と「パスワードを作成」欄に入力したGmailアドレスとパスワードがGoogleアカウントとそのパスワードになります。忘れないように覚えておきましょう。

3 YouTubeにアクセス

Googleアカウントを作成できました。「YouTubeに戻る」ボタンをクリックします。Googleアカウントでログインした状態でYouTubeに戻ります。

YouTube Perfect GuideBook **15**

Part 1　YouTubeをはじめよう

Step 1-3

マイチャンネルに
プロフィール情報を設定する

YouTubeでは、投稿した動画などを管理するために「チャンネル」を持ちます。このチャンネルは初期状態ではGoogleアカウントに最初に登録した名前になりますが、変更したい場合は編集できます。また、チャンネルは複数持つことができます。

▶「チャンネル」とは

GoogleアカウントでYouTubeにログインすると、「チャンネル」が作成されます。YouTubeにログインしているユーザーは全員、自分のチャンネルを持っていて、この自分のチャンネルのことを「マイチャンネル」と呼びます。他の人のチャンネルを見てみましょう。好きな動画ページを開き、動画の下に表示されている投稿者の名前をクリックすると、その動画の投稿者のチャンネルが表示されます。

動画の投稿者名をクリックすると投稿者のチャンネルが開きます

動画を投稿しない場合でもチャンネル開設しておく

チャンネルは、動画を投稿する人だけが必要なものと思われがちですが、そうではありません。閲覧しかしない人でも、チャンネルを開設することによって、「再生リスト」を作り好きな動画を集めたプレイリストを作ったり、コメントやメッセージで交流する際にも必要なので、設定しましょう。

▶「マイチャンネル」のプロフィールを設定する Part 1

自分のチャンネルページ（マイチャンネル）に名前とアイコンを設定しましょう。Google+ を既に使用している場合は、Google+のプロフィール写真が適用されます。マイチャンネルとGoogleアカウントで使用しているGoogle+の情報を別にしたいときは19ページを参照してください。

1 マイチャンネルをクリック

Googleアカウントでログインし、画面左側にある「マイチャンネル」をクリックします。

2 チャンネルを作成する

右図の入力画面がポップアップします。名前や性別、生年月日などの情報はGoogleアカウント作成時（15ページ）のものが入力されています。この名前がそのままチャンネル名になりますので、変更したい場合はクリックして修正し、「続行」をクリックします。

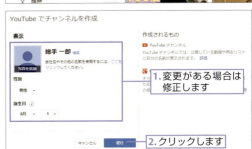

Zoom 「会社名やその他の名前を使用する」場合

「会社名やその他の名前を使用するには、ここをクリックしてください」をクリックすると独自のチャンネル名を指定することができます。ここで会社名やその他の名前を使用したい場合は19ページを参照してください。

チャンネル名を社名などにできます（詳しくは19ページ）

3 チャンネル名が設定される

チャンネル名が表示されました。

Zoom 姓と名は逆になる

姓と名の順序は逆になります。Googleのソーシャルネットワークサービスである「Google+」上は正しく表示されます。

4 アイコンの設定

チャンネルアイコンの画像を設定しましょう。画面左上の水色の人物マークにマウスカーソルを移動させると、✎マークが出るのでクリックします。

YouTube Perfect GuideBook **17**

Part 1　YouTubeをはじめよう

5 Google+との連携の確認

チャンネルアイコン画像はGoogle+アカウントと共用されます。許可を促すウィンドウが開くので「Google+で編集する」をクリックします。

6 ファイルを選択する

「パソコンから写真を選択」をクリックして画像の選択画面に進みます。デスクトップにある画像をドラッグ＆ドロップすることも可能です。

7 画像を選ぶ

任意の画像を選んで「開く」ボタンをクリックします。

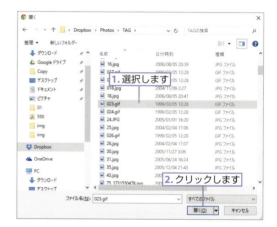

画像の推奨サイズは？

YouTubeではユーザーアイコン用画像には800×800ピクセルの画像を使うことを推奨しています。また、画像の容量は最大1MBまでとなっています。なお、長方形の画像の場合は正方形にトリミングされるので注意しましょう。

8 サイズを決定する

画像が表示されたら、実際の表示領域の調整（トリミング）を行います。四角く表示されたツールをドラッグして移動、四隅をドラッグしてサイズの変更ができます。調整が終わったら「プロフィール写真に設定」をクリックします。

新しい写真に関する投稿

プロフィール写真を投稿すると「Google+」にそのことを投稿するかどうかのメッセージが出ます。したい場合は「共有」、したくない場合は「キャンセル」をクリックしましょう。

9 Google+にアイコンが登録される

アップロードした写真が「Google+」のアイコン画像として登録されました。

10 チャンネルアイコンが表示される

YouTubeに戻るとマイチャンネルに登録した写真が表示されます。もし表示されない場合は「リロード」してみましょう。

▶ 会社名やその他の名前を使用してチャンネルを開設する

チャンネル名には、Googleアカウント時に登録した名前だけではなく、会社名や他のチャンネル名を設定できます。ここでは初回のチャンネル開設の際にその他のチャンネル名にする手順を開設しています。後でその他のチャンネル名を追加する場合は175ページを参照ください。

1 チャンネルを作成する

17ページ手順2のチャンネル作成のところで、「会社名やその他の名前を使用するには、ここをクリックしてください」の「ここをクリック」の部分をクリックします。

2 チャンネル名を入力

会社名やサークル名など、好きな名前を入力します。このチャンネルで投稿する予定の動画のジャンルを選んだら「完了」ボタンをクリックします。

YouTube Perfect GuideBook **19**

Part 1　YouTubeをはじめよう

3　新しく作ったチャンネル名をクリック

ログインしたときに使ったGoogleアカウントのチャンネル名と、先ほど作成した会社名などのチャンネル名が表示されるので、利用する名前の方のアカウントをクリックします。

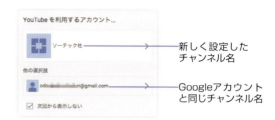

新しく設定したチャンネル名

Googleアカウントと同じチャンネル名

4　アイコンを設定する

指定したチャンネル名でチャンネルが開設されました。18ページと同様に、アイコンなどを設定します。

Zoom　新しくGoogle+ページもできる

チャンネルごとにGoogle+のページが作成されるので、新しいチャンネル名にもGoogle+のページができています。

どのチャンネル名でログインしているか確認する

Googleアカウント以外のチャンネル名を設定した場合、いま、どのチャンネルでログインしているかを確認するようにしましょう。画面右上のプロフィールアイコンをクリックすると、自分の作成したチャンネルの一覧が表示されます。もし、違うチャンネルでログインしているようならば、クリックして切り替えましょう。

また、チャンネルは複数作ることができます。マイチャンネルについて詳しくはPart3で解説しています。

Step 1-4

ログアウトする

共有のパソコンを使ってる場合はYouTubeを使い終わったらログアウトしておきましょう。次回はまたログインして使用します。

▶ ログアウトする

画面右側にあるアイコンをクリックします。表示されたメニュー下部の「ログアウト」をクリックするとログアウトできます。再度、YouTubeを使用する時は14ページの手順でログインします。

どのデバイスでもログイン／ログアウトができる

使用するデバイスが異なっても、同じGoogleアカウントでログインすれば同じチャンネル名が表示されます。気に入った動画は「再生リスト（46ページ参照）」への追加や、チャンネル登録（61ページ参照）しておけば、どの環境からでもかんたんに見つけ出すことができます。

スマートフォン対応

YouTubeは、iOS、Android、Windows Phoneといった各種スマートフォン用のアプリを提供しています。ただし利用には多くのデータ通信量が発生します。データ使用量に制限のあるプランを利用している場合は注意しましょう。モバイル端末からのYouTubeの利用はPart6で詳しく解説しています。

Part 1　YouTubeをはじめよう

Step 1-5
YouTubeのトップ画面の構成

YouTube トップ画面には映像を探すための機能やリンクが集約されています。それぞれの機能・リンクの内容を知っておけば、手早く機能にアクセスできます。

▶ YouTubeのトップ画面にアクセスする

YouTubeの画面は以下のようになっています。各機能の詳しい説明や使い方は後述します。

YouTubeメニュー
閲覧履歴（31ページ参照）、「後で見る」（45ページ参照）をつけた動画、作成した「再生リスト」（46ページ参照）をチェックできます。

≡ メニュー表示のON／OFF
クリックして左サイドバーのメニューを表示します。

YouTubeアイコン
アイコンをクリックするとトップ画面に戻ります。

検索窓
フォームに動画に関連する文字列を入力し、虫眼鏡ボタン🔍をクリックすると該当動画が一覧表示されます。

Google+のお知らせ
Google+の新着情報が表示されます。

アップロード
動画の「アップロード」（投稿）機能（86ページ参照）にアクセスできます。

マイチャンネル
自分のチャンネルページを確認できます（68ページ参照）。

画面下部のメニュー
使用言語（44ページ参照）、国（44ページ参照）、制限付きモード（179ページ）などの設定ができます。

ヘルプ
YouTubeのヘルプを読むことができます。

プロフィールアイコン
動画の管理、YouTubeの設定、ログイン／ログアウトなどを行えます。

登録リストを管理
登録しているチャンネルを管理できます（67ページ参照）。

チャンネル一覧
全世界のYouTubeユーザーが作成した「チャンネル」を検索できます（198ページ参照）。

登録チャンネル
視聴登録をした他のユーザーのチャンネルへのリンク集が表示されます（61ページ参照）。

22

YouTube Perfect GuideBook

Part 2

動画の閲覧と管理

全世界のユーザーが投稿した莫大な数の動画を自由に視聴できるのがYouTubeの最大の楽しみです。気になる動画を効率よく見つけ出し、快適に再生しましょう。再生リストや評価をつかえば、よりスマートに動画の管理と閲覧が可能です。

Part 2　動画の閲覧と管理

Step 2-1

動画を検索して閲覧する

YouTubeに投稿されている動画はキーワード検索、カテゴリ、再生ランキングなどから探すことができます。まずは観たい動画に関するキーワードで動画を探す方法を紹介します。

▶ 関連キーワードから動画を探す

YouTubeでは一般的な検索エンジン同様、キーワードから動画を探すことができます。観たい動画に関するキーワードを指定すれば、該当動画の検索結果が一覧表示されます。

1 観たい動画を検索する

画面上段の検索窓に観たい動画に関連するキーワードを入力して、🔍をクリックします。タイトルやタグ、説明文にキーワードを含む動画が一覧表示されるので、観たいもののタイトルやサムネイルをクリックします。

2 動画が再生される

動画が投稿されているページが開き、自動的に再生が始まります。

チャンネル	動画のタイトル	動画の再生数	関連動画
動画を投稿した人のアイコンと名前です	現在再生されている動画のタイトルです	動画が再生された回数です	現在再生されている動画と関連がある動画が表示されます

言語と地域の設定をしよう

初めてYouTubeの動画ページにアクセスすると、映像の上部に「ようこそYouTubeへ！」というメッセージが表示されます。ここではユーザーが利用する言語と居住地域を指定することが可能です。国内で利用している場合、基本的に言語は「日本語」、地域フィルタは「日本」に自動指定されており「OK」ボタンをクリックすれば、国内ユーザーの動画が優先的に検索結果に表示されるようになります。国や使用言語はいつでも変更できます。44ページを参照してください。

24

Step 2-2

動画に表示される広告を消す

YouTube動画を観ていると動画の最初に広告が表示されることがあります。邪魔だと感じたらクリックして消してしまいましょう。

▶ 数秒後に消す

ほとんどの映像広告は最後まで見る必要はありません。通常は5秒ほど見ればいつでもクリックして消すことができます。

1 広告が表示される

動画広告がスタートすると、画面右側に「○秒後にスキップして動画へ進めます」と表示される。

2 クリックしてスキップする

「広告をスキップ」に表示が変わったら、その部分をクリックしましょう。

▶ ×ボタンをクリックして消す

動画の下部にバナー広告が表示されることがあります。このタイプの広告は、右上の×をクリックすることで消すことができます。

消すことができない広告もある
動画広告の中には途中でスキップできない広告もあります。多くは15秒間見た後に自動的に終了し、動画の再生が始まります。

広告を最初から表示させない設定について
2015年11月現在、日本では提供されていませんが、「YouTube Red」という有料プランに加入すると、広告非表示の設定ができるようになります。現在は米国でのみサービス開始されましたが、日本でも提供される予定です。詳しくは204ページを参照してください。有料サービスに加入しない限りは広告の表示を止めることはできません。ユーザーが無料でYouTubeを使えるのは、運営費用の多くをスポンサーからの広告料金で補っているからです。ただし広告をブロックするソフトは存在します。

YouTube Perfect GuideBook

Part 2　動画の閲覧と管理

Step 2-3

動画を早送り／拡大／再生設定を変更する

まずはYouTubeで好きな動画を観てみましょう。動画は、再生ボタンまたは再生画面をクリックすることで再生できます。YouTubeの動画にはコントロールパネルが用意されており、早送りや巻き戻し、拡大表示、高画質表示などが可能です。視聴機器や通信環境に応じて快適な形式で閲覧しましょう。

▶ 動画の早送り・巻き戻し／一時停止する

動画を早送り・巻き戻し／一時停止できます。

早送り・巻き戻し

動画直下のシークバーをマウスでドラッグすることで動画を早送りや巻き戻しすることができ、観たいシーンを見つけられます。

動画を一時停止する

コントロールパネル左端の▶ボタンをクリックすると動画が一時停止します。もう一度クリックすれば再生が再開します。

▶ 動画の音量を調節する

コントロールパネル左から3番目のスピーカー型のボタン🔊にマウスカーソルを合わせるとボリューム調整用スライダーが表示されます。ドラッグして音量を調節しましょう。

 ワンクリックで消音できる
スピーカーボタンをクリックすると動画の音声がミュート（消音）されます。再度クリックすると音声が復帰します。

▶ プレイヤーを大きくする

動画の再生画面が小さいと感じたら、大きくすることができます。

ブラウザいっぱいに拡大する

1 拡大ボタンをクリック

コントロールパネル右から2番目の□ボタンをクリックします。

2 動画が大型プレイヤーで表示される

動画の再生画面の横幅がブラウザいっぱいに拡大されます。

全画面表示する

1 全画面ボタンをクリック

コントロールパネル右端のボタンをクリックします。

2 動画が全画面表示される

モニタいっぱいに動画が表示されます。

> **Zoom 元のサイズに戻すには**
> 全画面表示中に esc キーを押すと、動画が元のサイズに戻ります。

▶ 動画を高画質表示する

コントロールパネルの⚙をクリックすると動画の再生設定メニューが表示され、自動再生やアノテーション（105ページ参照）のオン／オフ、動画の再生速度や字幕の設定、画質の調整を行うことができます。

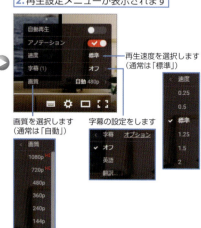

クリックすると字幕のオン／オフができます

> **Zoom 動画が重い場合は**
> 視聴機器のスペックや通信速度によっては高画質再生すると動画がコマ落ちしたり、途中で止まったりしてしまいます。スムーズに再生されないときは「自動」を選択しましょう。視聴機器や通信環境に応じた画質で再生されます。

Step 2-4

再生中の動画に関連する動画をチェックする

Part 2

YouTubeでは動画の再生が終わると、再生画面に関連動画が一覧されます。動画のタイトルや内容、投稿者名、ジャンル（カテゴリ）などが類似している動画がピックアップされるので、気になる分野の、まだ知らない動画に出会えるかもしれません。

▶ 動画を再生すれば関連動画が見つかる

関連動画の探し方はいたって簡単。観たい動画を再生すればOKです。再生が終了すると関連動画のサムネイルが一覧表示されます。また再生ページの右カラムでもチェックできます。

1 動画を再生する

好きな動画を検索し、再生します。

2 関連動画を選択する

動画の再生が完了すると、その動画と類似、関連する動画のサムネイルが一覧表示されます。観たい動画をクリックしましょう。

3 関連動画の再生が始まる

選択した関連動画の再生が始まります。

右カラムでも選択可能

関連動画一覧は動画再生ページの右カラムにも表示され、観たい動画をクリックすれば、その動画の再生が始まります。今観ている動画の再生終了を待たずに別の動画を観ることができます。

YouTube Perfect GuideBook　**29**

Part 2　動画の閲覧と管理

Step 2-5

YouTubeがおすすめする動画を見る

YouTubeのトップページには、「音楽」や「スポーツ」といった様々なジャンルの人気動画、自分が登録した「チャンネル」の人気動画や新たに登録された動画などが表示されます。また、視聴履歴を元にあなたが興味あるであろう動画を揃えた「おすすめのチャンネル」も教えてくれます。観たい動画を見つけたらクリックしてみましょう。

▶ トップページにはYouTubeのおすすめがたくさん

YouTubeにログインすると、いままでに登録したチャンネル、現在視聴数の多い動画を集めたチャンネル、これまでに観た動画に似た動画が登録されているチャンネルなどから、おすすめの動画が表示されます。気になる動画をクリックすれば、すぐに再生が始まります。

1　トップページにおすすめ動画が並ぶ

YouTubeのトップページを開くとおすすめ動画やチャンネルが表示されます。観たい動画のサムネイルをクリックしましょう。

2　動画が再生される

動画ページにジャンプし、動画の再生が始まります。

Step 2-6

履歴から動画を再生する

お気に入りの動画を再生するにはいくつかの方法がありますが、最も手軽なのが「履歴」を確認すること。YouTubeではこれまでユーザーが再生した動画を「履歴」として記憶しており、以前観た好きな動画に再度アクセスすることができます。

▶ 一覧からもう一度観たい動画を選択すればOK

これまで観た動画の履歴は、YouTubeのメイン画面にて表示可能な左カラムからチェックすることができます。「履歴」を開き、あらためて観たい動画を選択しましょう。

1 「履歴」を開く
画面左上段の「履歴」をクリックします。

2 観たい動画を選択する
画面中央にこれまで観た動画が新しい順に表示されるので、もう一度観たい動画のタイトルかサムネイル画像をクリックします。

3 動画の再生が始まる
動画ページにジャンプして再生されます。

Zoom 検索履歴から再度検索する
画面上部の「検索履歴」をクリックすると、以前に検索で利用したキーワードが一覧表示されます。クリックすることで同じキーワードを使って動画を探すことができます。

YouTube Perfect GuideBook **31**

Part 2　動画の閲覧と管理

Step 2-7

検索結果をさまざまな条件で絞り込み／並べ替えする

日々膨大な量の動画が投稿されるYouTubeだけに、シンプルなフレーズで検索すると、大量の動画がヒットして、お目当ての動画が見つけにくいことがあります。検索結果を絞り込みたいなら「フィルタ」という機能を使ってみましょう。

▶ 投稿日、カテゴリ、再生時間、画質で検索結果を絞り込む

検索結果が表示されたら「フィルタ」をクリックしましょう。「アップロード日」や「再生回数」「動画の長さ」などで検索結果を絞り込んだり、並び替えたりすることができます。

「アップロードされた日が新しい順」で並び替える

1 動画をキーワード検索

検索窓に見たい動画の関連キーワードを入力して、🔍 をクリックします。

2 「フィルタ」ボタンをクリック

検索結果が表示されたらYouTubeのロゴ下の「フィルタ」ボタンをクリックします。

3 「アップロード日」で並び替え

「並べ替え」の「アップロード日」をクリックします。

32

4 検索結果の表示順が入れ替わる

検索結果が投稿された日が新しい順に並び替わります。

並び変わりました

「関連性の高い順」で並び替える

「関連性の高い順」を選択すると、検索ワードに関連し、話題性の高い動画、評価の高い動画を優先して検索結果を表示してくれます。

「視聴回数」で並び替える

「並べ替え」の「視聴回数」を選択すると、再生の多い順＝多くの人が鑑賞した順に検索結果が並び替えられます。

「評価」で並び替える

「並べ替え」の「評価」を選択すると、多くの高評価（36ページ参照）を集めたものから順に動画が表示されます。

YouTube Perfect GuideBook

さまざまな条件で検索結果を絞り込む

「アップロード日」「結果のタイプ」「時間」「特徴」の各項目から希望のものをクリックすることで、検索結果を絞り込むことができます。

複合的で複雑な検索条件もOK

検索条件は同時にひとつではなく、青い枠の中の列ごとに一つずつ選択ができるので、複合的な絞り込みをすることができます。選択されている場所の文字が太文字に変わり、さらに「フィルタ」ボタンの右横にも選択中の条件が並びます。

絞り込み条件を削除する

上記の複数選択された絞り込み条件を減らしたい時、「フィルタ」脇に表示された文字列をクリックすると、フィルタが解除されて、文字が消えます。自分の検索条件がどのくらいの件数結果になるのか、傾向が掴める使用方法としても有効です。

Step 2-8

視聴中の動画の投稿者の他の動画を観てみる

気に入った動画をみつけたら、その動画を投稿したユーザーの他の動画も見てみましょう。ユーザー名をクリックし、そのユーザーのチャンネルを表示することで、過去に投稿されたすべての動画をチェックすることができます。

▶ 動画再生ページのユーザー名をクリックしよう

再生中の動画の投稿主がほかに投稿した動画を見たい時は、動画タイトルの下にあるユーザー（チャンネル）名をクリックし、その人のチャンネルを表示しましょう。

1 ユーザー名をクリック

動画タイトルの下にあるユーザー（チャンネル）名をクリックします。

2 投稿動画一覧にアクセス

投稿者の「チャンネル」が表示されます。チャンネル名下の「動画」タブをクリックします。

3 観たい動画を選択

手順1で観ていた動画の投稿主がこれまでに投稿した動画が一覧表示されるので、観たいものをクリックすれば、動画ページにアクセスし、再生が始まります。

Part 2　動画の閲覧と管理

Step 2-9

動画に高評価／低評価を付ける

閲覧した動画が気に入った時はその動画に高評価を、逆に気に入らなかった時は低評価を付けることができます。評価は投稿者への応援になるだけではなく、気に入った動画を後から見直すときにも便利です。また、他のユーザーが検索する際の手がかりにもなります。

▶ 評価をつける

動画の評価はワンクリックで行えます。また、高評価をつけた動画は自動的にリスト化されるので、あとから一気に観直すことも可能です。

ボタンで評価する

再生中の動画ビューアー下の親指が上を向いている「高評価」ボタン で高評価、下を向いている「低評価」ボタン で低評価を付けられます。また、高く評価した動画はアカウントページの「高評価数」カテゴリに登録され、いつでも再生できます。

Zoom	評価をSNSに共有する
	動画に評価を付けたことをTwitterで自動的に投稿してフォロワーに教えることもできます。詳しくは181ページを参照してください。

高評価をつけた動画一覧にアクセス

高評価をつけた動画はアカウントページに記録されます。画面左上の ≡ をクリックしてメニューを表示し、「高く評価した動画」を開くと、これまでに高評価をつけた動画が一覧表示されます。観たいものをクリックすれば、動画ページにアクセスし、再生が始まります。

Zoom	高評価を付けた動画を非公開にする
	高く評価した動画は、チャンネルページで公開されてしまいます。人に評価した動画を知られたくない場合は、プライバシー設定で非公開にしておきましょう。詳しい手順は56、72ページで解説します。

Zoom	低評価をつけるとどうなる？
	親指が下を向いている ボタンをクリックすると、その動画に低い評価をつけることができます。低評価動画は高評価を付けた画像のようにチャンネルに表示されたり、SNSを通じてほかの人に共有したりはできません。ただし、低評価のついた動画は32ページの「フィルタ」機能を使って、評価順に検索結果を絞り込むとき、高評価のみを集める動画よりも低い順位に表示されるようになります。低い評価ボタンは他のユーザーの検索をスムーズに進めるため、そして、動画の投稿者に無言のメッセージを送るための機能と考えておきましょう。

36

Step 2-10

動画にコメントを送る

好きな動画や面白い動画にコメントを送ることもできます。感想コメントを書いて投稿主を応援してみましょう。また、コメント欄を通じて他の視聴者と交流してみても面白いはずです。

▶ 動画ページの入力フォームにコメントを投稿

動画ページにはそれぞれコメントの投稿欄が用意されています。ここに動画に対する感想や、他のコメントに対するレスポンスなどを入力すると、ページ上に表示されます。

1 コメントの入力フォームをクリック

動画の下にあるコメントの入力フォームをクリックします。

コメントにも評価を付けられる

動画と同じようにコメントにも高評価/低評価を付けられます。共感したコメントには高評価を、誹謗中傷コメントには低評価を付けるなど活用しましょう。

2 コメントを投稿する

フォームに感想などのコメントを入力して「投稿」ボタンをクリックします。これまでに投稿されたコメント一覧の最上段に自分のコメントが表示されます。

コメントに返信する

書き込まれたコメントの下にある「返信」をクリックすることで、そのコメントに対して返信を行うことができます。

Part 2　動画の閲覧と管理

Step 2-11

観ている動画をSNSで共有する

「今観ている動画が面白いから、みんなにも教えたい」。そんなときは動画ページの「共有」ボタンをクリックしてみましょう。TwitterやFacebook、Google+に動画ページのURLを投稿できます。

▶ SNSで動画ページの情報を共有する

YouTubeにはTwitterやFacebook、Google+などのSNSとの連携機能が用意されています。これらのサービスにログインした状態で、「共有」メニューに表示された各Webサービスのアイコンをクリックすると、URLが入力された状態の入力フォームが表示されるので、コメントなどを添えて投稿しましょう。

Twitterで動画のURLを共有する

1 「共有」ボタンをクリックする

URLを誰かに伝えたい動画を見つけたら、動画ビューアー下の「共有」ボタンをクリックします。

クリックします

2 Twitterアイコンをクリック

Twitterアイコンをクリックします。

クリックします

Zoom　サービスにはログインが必要

選択したサービスにログインしていない場合はアイコンクリック後、ユーザーIDやパスワードの入力画面が表示されます。

3 動画のURLを投稿する

動画ページのURLが入力された状態のTwitterの投稿フォームが表示されます。コメントを書き添えるなどして「ツイート」ボタンをクリックしましょう。

1. 必要であれば追記します
2. クリックします

38

4 TwitterにURLが投稿される

TwitterのタイムラインにYouTubeの動画ページのURLが投稿されます。ツイートをクリックすると動画ビューアーが表示され、Twitter上で再生できます。

動画URLが投稿されました

再生時間を指定して投稿する

自分が映っている場所など、動画の特定の部分を指定して投稿したい時は、「開始位置」にチェックを入れることで、そこから見てもらうことができます。

Facebookで動画のURLを共有する

1 Facebookアイコンをクリック

「共有」メニューを開いて、Facebookアイコンをクリックします。

1. クリックします
2. クリックします

サービスにログインが必要

選択したサービスにログインしていない場合はアイコンクリック後、ユーザーIDやパスワードの入力をログイン画面が表示されます。

2 公開範囲を指定してFacebookに投稿する

動画ページのURLにリンクした状態のFacebookの投稿フォームが表示されます。画面右上のドロップダウンメニューから公開範囲を指定しましょう。Facebookのタイムライン上に動画が投稿されます。タイムライン上で再生可能です。

1. 自動入力されます
2. 公開範囲を設定します

動画が投稿されました

Part 2　動画の閲覧と管理

Google+で動画のURLを共有する

1 Google+アイコンをクリック

「共有」メニューを開いて、Google+アイコンをクリックします。

2 共有するサークルを指定

動画ページのURLにリンクした状態のGoogle+の投稿フォームが表示されます。動画ビューアー下のドロップダウンメニューから動画を共有するサークルを選択しましょう。

3 リンクを共有する

動画ビューアー上の入力フォームにコメントを書き添え「共有」ボタンをクリックします。

4 Google+に動画が投稿される

Google+のストリーム上に動画が投稿されました。サムネイルをクリックすれば、動画が再生されます。

Step 2-12
動画のURLをメールで送信する

Part 2

今観ている動画ページのURLを特定の相手にのみ教えたいときはメールで送信しましょう。メール送信は「共有」メニューから行います。

▶ メール共有の手順

「共有」メニューから「メール」ボタンをクリックすると、投稿フォームが表示されます。

1 「メール」ボタンをクリック

動画ページの「共有」ボタンをクリックしてメニューを開いたら、「メール」ボタンをクリックします。

動画のURL
このURLをコピーして
そのまま送っても良い

2 メールを作成、送信する

「宛先」にメールアドレスを「メッセージ」にメール本文を入力して、「メールを送信」ボタンをクリックします。

3 動画ページへのリンク付きメールが届く

宛先に指定したアドレスに動画ページへのリンクが貼り付けられたメールが届きます。

相手にメールが届きます

YouTube Perfect GuideBook　　**41**

Step 2-13
自分のブログに お気に入り動画を貼り付ける

「共有」メニューの「埋め込みコード」をクリックすると、ブログなどにYouTube動画を貼り付けるためのコードが表示されます。このコードをブログの投稿フォームにコピー＆ペーストすると、自分のブログ上で動画を再生できるようになります。

▶ ブログに動画を掲載する手順

ブログへ動画を埋め込むには「共有」メニューから「コード」を取得します。

1 動画のサイズを指定する

「共有」メニューを開き「埋め込みコード」をクリックしたら、一番下のサイズ一覧から、ブログ上に表示させたい動画の大きさを選択します。

2 コードをコピーする

「共有」メニュー中央に表示された埋め込みコード全文を選択し、右クリック＞「コピー」を選択します。

3 コードを貼り付ける

自分が普段使っているブログサービスにアクセスし、記事の投稿フォームを開いたら、本文部分にマウスカーソルを合わせて右クリック＞「貼り付け」を選択します。埋め込みコードが入力されたら、記事を投稿します。

4 ブログ上から動画を再生できる

ブログにアクセスすると、YouTubeの動画が貼り付けられた状態の記事が表示されます。再生ボタンをクリックすれば、動画をブログ上で観ることができます。

Step 2-14

不適切な動画の存在を報告する

全世界のさまざまな人が動画を投稿するYouTubeだけに、中にはインターネットで公開するには不適切な内容のものもあります。もしもそんな動画を見つけたら、YouTube側に報告して、しかるべき処置をとってもらいましょう。

▶ 理由を選んで、不適切な動画を報告する

性的、暴力的、差別的、有害、スパム広告など、YouTubeが定めるコミュニティガイドラインの投稿に関する規約に違反している動画を見つけたら、動画ビューアー下の「不適切な動画として報告」ボタンをクリックし、理由を添えて、YouTube側に動画の確認を依頼します。

1 「報告」をクリックする

問題のありそうな動画を見つけてしまったら、動画ビューアー下の「その他」>「報告」をクリックします。

2 不適切である理由を選択する

「問題を選択してください」の中から、その動画が不適切であると思われる理由を選択、該当箇所のタイムスタンプなどを入力し、最後に「送信」をクリックします。YouTubeの担当者が動画の内容をチェックし、不適切であると判断すればこの動画は削除されます。

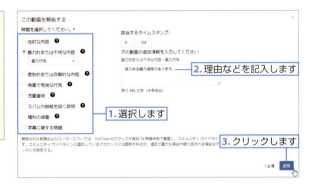

> **Zoom 権利侵害の場合は詳細も指定**
> 著作権や肖像権、プライバシー権などを侵害している動画の場合は「権利の侵害」から該当項目を選択し、表示されたリンクにアクセスします。専用フォームに誰が誰の権利をどのように侵害しているのかを記入してYouTube側に送信します。

年齢制限動画を子供に見せない設定
ガイドラインに抵触していなくても、子供に見せたくない動画はあります。そのような動画へ子供用のフィルターをかける方法は178ページで解説しています。

Part 2　動画の閲覧と管理

Step 2-15

YouTubeの画面に表示される言語を変更する

YouTubeは初めてログインしたときにユーザーの住んでいる地域を自動的に判別し、メニューなどに表示する言語も自動的に設定しますが、日本から別の言語を使いたい時、また外国で日本語を使いたい時などは任意の言語に変更することができます。

▶ 一覧から表示言語を選択する

YouTubeの表示言語の変更はページ最下段から行います。「言語」一覧を開いて、表示させたいものを選択しましょう。

1 表示したい言語を選択

トップページ最下段の「言語」をクリックし、表示された言語一覧から利用したいものを選びます。

2 表示言語が変更される

メニューやリンクなどに使われる言語が指定のものに切り替わりました。

居住地域を変更する

出張や海外赴任などのため、住んでいる国や地域が変わったときは、ページ最下段の「国」から今住んでいる場所を選択しましょう。
動画の中には一部、住んでいる地域によって再生制限がかかっているものがあります。日本のユーザーには再生できない動画については、実際に他の国でインターネットにアクセスしない限り再生できません。日本に住みつつ、YouTube上の地域の設定だけを変更しても再生することはできません。

Step 2-16

時間がないときは「後で見る」に記録しておく

「今は見る時間はないけれど、あとでゆっくり見よう」と思う動画を見つけたら、この「後で見る」に動画を追加してみましょう。好きなときに呼び出すことができます。

▶「後で見る」マークをクリックするだけで登録できる

「後で見る」に登録するのは簡単です。

動画一覧のサムネイルから登録する

動画のサムネイル右下にマウスカーソルを合わせると、「後で見る」マーク🕒が表示されます。これをクリックすると「後で見る」に登録されます。

動画の再生ページから登録する

動画の再生中に画面にマウスカーソルをのせると右上に「後で見る」マーク🕒が表示されます。これをクリックすると「後で見る」に登録されます。

▶「後で見る」に登録した動画を見る

≡をクリックしてメニューを表示させ「後で見る」をクリックすると、「後で見る」に登録した動画がすべて表示されます。好きなものをクリックして再生しましょう。また、「後で見る」は再生リスト（次ページから解説）の1つです。並び替えや非公開設定などは再生リストと同じ方法で行います。

見た動画は「再生済」と表示される

「後で見る」の動画は再生すると「再生済」と表示されます。

YouTube Perfect GuideBook **45**

Part 2　動画の閲覧と管理

Step 2-17

再生リストを作って
好きな動画を一気に連続プレイ

　iTunesのような音楽再生ソフトで好きな曲や特定のテーマに沿った曲だけを集めたプレイリストを作成できるように、YouTubeでもお気に入りの動画を「再生リスト」にまとめておくことができます。そして、音楽再生ソフト同様、お気に入り動画を連続再生することが可能です。

▶ 再生リストとは

YouTubeの再生リストとは、その名のとおり、複数の動画を集めてリスト化できる機能です。再生リスト上の動画は個別に再生するほか、連続再生することもできます。

作成した再生リストは左カラムに表示されます

 使い方は色々
好きな動画のブックマーク的に使ってみるもよし、好きなミュージシャンやアイドルの映像を一気見したり、バックグラウンドビデオのように流してみたりするもよし。再生リストはシャッフル再生やリピート再生もできる（49ページ参照）ので、さまざまな用途に活用できます。

▶「再生リスト」を新規作成して動画を追加する

「再生リスト」の作成と追加は、動画の再生ページで行えます。動画ビューアー下の「追加」ボタンをクリックし、新しい再生リスト名を入力してリストを作成し、そこに動画を追加してください。

1　「追加」ボタンをクリックする

再生リストに追加したい動画の再生ページにアクセスしたら、「追加」ボタンをクリックします。

1.再生リストに追加したい動画を再生します

2.クリックします

46

2 追加する再生リストを選択

追加する再生リストを選択します。ここでは、新しい再生リストを作るので、「新しい再生リストを作成」をクリックします。

クリックします

3 再生リスト名と公開範囲を指定

フォームに動画の種類や内容に応じた再生リスト名を入力し、「公開」のプルダウンメニューをクリックして公開範囲を選択します。再生リストを全YouTubeユーザーに「公開」するか、「非公開」にして自分だけが閲覧できるようにするか、もしくは限定公開（下記Zoom参照）にするかを指定します。
「作成」ボタンをクリックすると再生リストが作成され、現在アクセスしている動画が追加されます。

1. 再生リスト名を入力します
2. 選択します

限定公開とは
限定公開では、動画のURLリンクをクリックできる相手のみが視聴可能です。動画のURLを送った特定の相手にだけ動画の視聴を許可できます。

作成した「再生リスト」はチャンネルページで公開される
ここで作成した再生リストは、マイチャンネルに表示され、他の人に公開されます（69ページ参照）。見られたくなのであれば、「限定公開」「非公開」を選んでおきましょう。後から非公開設定にするには、56ページを参照してください。

▶ ほかの動画をリストに追加していく

すでに作成した再生リストに他の動画を追加する場合も同様に、再生ページを開いて「追加」ボタンをクリックします。一覧に表示された再生リスト名をクリックすれば、再生リストに追加できます。

1. 再生リストに追加したい動画を開きます

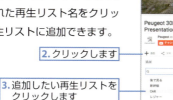

2. クリックします

3. 追加したい再生リストをクリックします

YouTube Perfect GuideBook **47**

動画ページのURLを指定して再生リストに動画を追加する

動画ページからだけでなく、「再生リストの編集」ページからも動画を追加することができます。気になった動画ページのアクセスURLをコピーし、編集ページにURLを貼り付けましょう。

1 追加する動画のURLをコピー

リストに追加したい動画ページにアクセスしたら、ブラウザのアドレス欄に表示されたアクセスURLをすべて選択して、右クリック＞「コピー」を選択します。

2 「クリエイターツール」を開く

画面右上のプロフィールアイコンをクリックし、「クリエイターツール」を選択します。

3 再生リストを編集する

「動画の管理」をクリック＞「再生リスト」を選択すると、自分が作った再生リストの一覧が表示されます。編集したい再生リストの「編集」ボタンをクリックします。

4 URLを指定して動画を追加する

再生リストの編集画面が表示されます。「動画を追加」ボタンをクリックします。

5 動画ページのURLを貼り付ける

「URL」を選択し、表示された入力フォームにマウスカーソルを合わせて右クリック＞「貼り付け」を選択し、動画ページのURLを貼り付け、「動画を追加」ボタンをクリックします。

6 動画がリストに追加された

再生リストの末尾に動画が追加されました。

▶ 再生リストを見る

作成した再生リストはサイドバーに表示されます。ここから好きなリストを選択して再生します。また、画面右上のプロフィールアイコンから「クリエイターツール」をクリック＞「動画の管理」＞「再生リスト」からでも再生リストを閲覧できます。

動画は連続再生される

動画の再生ページが表示され、リスト内の動画が連続して再生されます。リスト中の次の動画を観たいなら、画面下の頭出しボタン▶▶をクリックします。リスト内の動画はシャッフル再生やリピート再生も可能です。

Part 2　動画の閲覧と管理

Step 2-18

再生リスト内の動画を整理する

再生リスト内の動画は、再生順を並べ替えられるほか、動画の追加や削除といった操作も行えます。こまめに再生リストを整理して、好きな動画だけを好きな順番に再生できるようにしましょう。「後で見る」（45ページ）の動画も同様に整理できます。

▶ 再生リストの編集画面を開く

再生リストの編集画面からは、動画の並べ替え、追加・削除など、再生リストを使いやすくカスタマイズできます。

1 クリエイターツールを表示する

画面右上のプロフィールアイコンをクリックし、表示されたメニューの「クリエイターツール」をクリックします。

1. クリックします
2. クリックします

2 「編集」をクリック

「動画の管理」をクリックし、動画の管理画面で「再生リスト」をクリックします。再生リストが一覧表示されます。編集したい再生リストの「編集」ボタンをクリックします。

1. クリックします
2. クリックします
3. 作成した再生リストが一覧されます

3 再生リストの編集画面が開く

再生リストの編集画面が開きました。

再生リストの編集画面が開きました

50

他の方法でも再生リストの編集画面に行ける

リスト再生中に画面の⚙をクリックしても、編集画面に移動することができます。また、左カラムに表示されている再生リストを直接選んでも、再生リストの編集画面が開きます。

再生リストの編集画面に移動します

左カラムから再生リストを選んで編集画面に移動します

▶ 再生リスト内の動画を並び替える

再生リスト編集画面（50ページ参照）では、再生リストの動画の順番を変更できます。

動画の並び順をソートする

1 操作したい動画をチェック

再生リストの画面で、順番を入れ替えたい動画の右側にある「その他」をクリックします。表示されたプルダウンメニューの「一番上に移動」を選択します。

1.「その他」ボタンをクリックします

2. 選択します

2 動画を「一番上に移動」する

動画がリストの一番最初に移動しました。「一番下に移動」なら最下段に移動します。

動画が移動しました

Part 2 動画の閲覧と管理

動画の並び順をドラッグで並び替える

再生リストの左端をマウスで掴んで、上下に移動させることでも、並び替えられます。

▶ 再生リストから動画を削除する

再生リスト編集画面（50ページ参照）で再生リスト内の動画右側にマウスカーソルを乗せると、「その他」ボタンと✕ボタンが出現します。✕ボタンをクリックすると、再生リストから動画が削除されます。

 削除の取り消しはできない

✕ボタンを押してしまうと、削除の取り消しはできません。必要ならばもう一度再生リストに入れ直しましょう。

編集画面からも動画の追加ができる

個別の再生リストの編集画面の「動画を追加」ボタンからも、再生リストに動画を追加できます。

52

▶ 再生リストのタイトルを変更する

再生リスト編集画面（50ページ参照）で再生リストのタイトルを変更できます。

1 鉛筆マーク🖉をクリックする

再生リストの画面でタイトルの上にマウスカーソルを乗せると、🖉が出現します。これをクリックします。

2 再生リストのタイトルを変更

再生リストのタイトルを変更してEnterキーを押します。

▶ 再生リストの説明をつける

再生リスト編集画面（50ページ参照）で、再生リストに説明文を追加できます。自分が作成した再生リストがどういう動画を収集しているかの説明を付け足しておくと便利です。

1 「説明を追加」をクリック

再生リストの画面で「説明を追加」をクリックします。

2 再生リストの説明文を変更

再生リストの説明文を変更して何もない部分をクリックします。

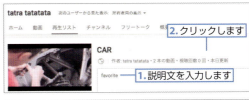

3 説明文が追加された

再生リストの説明文が追加されました。

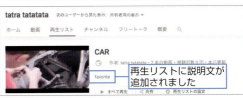

YouTube Perfect GuideBook

Part 2　動画の閲覧と管理

▶ 再生リスト内の動画に説明メモを加える

再生リストの中に動画が増えると、どの動画が見たいのかがわからなくなるときがあります。個別の動画にメモを付けておけば、すぐに思い出せます。

1 「メモを追加」を選択する

再生リスト編集画面（50ページ参照）で再生リスト内の動画右側にマウスカーソルを乗せると、「その他」ボタンが出現します。「その他」ボタンをクリックすると表示されるメニューから、「メモを追加／編集」を選択します。

2 動画のメモを記入する

動画のメモを記入して「保存」ボタンをクリックします。

3 メモが追加された

個別の動画にメモが表示されました。

▶ 再生リストのサムネイルを変更する

再生リストのサムネイルは、通常一番上にある動画のサムネイルが使用されますが、変更することが可能です。

1 サムネイルにしたい動画を選ぶ

再生リスト編集画面（50ページ参照）でサムネイルにしたい動画の右側にマウスカーソルを乗せると、「その他」ボタンが出現します。「その他」ボタンをクリックすると表示されるメニューから、「再生リストのサムネイルとして設定」を選択します。

2 サムネイルが変更される

サムネイルが変更されました。

▶ 作成した再生リストを並び替える

作成した全ての再生リストの並び順を変更します。

1 再生リストをクリックする

画面左カラムメニューから「再生リスト」をクリックします。

 並び順は左カラムに反映されない

再生リストの並び順を変更しても、左カラムの順番は変えることができません。左カラムの再生リスト名は、追加した日付が新しい順に並ぶようになっています。

2 再生リストが一覧される

再生リストが一覧表示されます。画面右の「追加日順」をクリックし、「作成日（古い順）」を選択します。

3 並び替えを選択する

作成順の新旧で並び替えができます。

Part 2　動画の閲覧と管理

Step 2-19

再生リストの公開設定を変更する

作成した再生リストはチャンネルで公開されるため、他のユーザーからも確認することができます。自分が投稿した動画以外でも、好みや趣向を知られることになるので、人に見せたくない場合は非公開にしておくことをオススメします。

▶ 再生リストの公開設定を変更する

再生リストの公開設定はリスト作成時に選択できますが（47ページ参照）、あとからでも変更できます。非公開設定にしている再生リストには鍵のマーク🔒がつきます。

1 「再生リストの設定」をクリック

再生リスト編集画面（50ページ参照）で「再生リストの設定」ボタンをクリックします。

2 公開設定を決定する

「再生リストのプライバシー」からは公開設定を、「追加オプション」からは埋め込みの禁止、再生リストに新規追加した画像を先頭に追加するかどうかを選べます。

3 再生リストの公開範囲が変わる

再生リストを非公開にした場合は、リスト名の前に🔒が付きます。

 すべての再生リストを非公開にする

プライバシー設定ですべての再生リストを非公開にすることも可能です。詳しくは72ページを参照してください。

56

YouTube Perfect GuideBook

Part 3

チャンネルを使いこなす

チャンネルは、投稿者の最新動画や人気のある動画を一覧表示できる便利機能です。好みの投稿者の新着をいち早く確認することができます。自分のチャンネルを作成して、おすすめの動画を相手に見てもらうことも可能です。

Part 3　チャンネルを使いこなす

Step 3-1

投稿者の「チャンネル」を見る

YouTubeユーザーが過去に投稿した動画などが見れるページのことを「チャンネル」と呼びます。YouTubeのアカウントを持っているユーザーは全員チャンネルを持っています。チャンネルには、そのユーザーが過去に投稿されたすべての動画はもちろん、作成した再生リストやコメントなどの情報がまとまっています。気になるユーザーのチャンネルをチェックしてみましょう。

▶「チャンネル」でユーザーの情報をチェックする

各ユーザーが投稿した動画や高評価をつけた動画などの情報はそれぞれ「チャンネル」にまとめられています。チャンネル内を検索することもできるので、過去の投稿動画も簡単に見つけられます。投稿した動画以外にも、詳しいプロフィールやSNSのアカウントを設定している人もいます。気になるユーザーを見つけたらチャンネル名をクリックしてチャンネルを見てみましょう。

チャンネル名をクリックしてチャンネルを表示する

1　チャンネルを見たい人のアイコンをクリックする

好きな動画に行き当たったら、動画ビューアー左下のユーザーのアイコンをクリックします。

クリックします

2　チャンネルが表示される

ユーザーの「チャンネル」が表示されました。

チャンネルが開きます

 自分のチャンネルは「マイチャンネル」と呼ぶ

自身のチャンネルは「マイチャンネル」と呼びます。マイチャンネルも他のチャンネル同様、自分が投稿した動画や作成した再生リストなどが表示されます。マイチャンネルについては68ページから詳しく解説します。

58

▶ チャンネルの画面構成

チャンネルページは以下のような構成になっています。

「概要」タブ
チャンネルの説明文を読むことができます（60ページ参照）。

「ホーム」タブ
ユーザーの行動が新しいものから順に表示されます（60ページ参照）。

検索
チャンネル内を検索できます。検索対象は現在開いているチャンネルページですが、アクティビティに表示されている他のユーザーの動画やコメントは検索対象となりません。投稿した動画からキーワードに合致するものが表示されます。

外部リンク
外部サイトへのリンクが設定されている場合に表示されます

Google+ページへのリンク
チャンネルのGoogle+ページが表示されています

「動画」タブ
「動画」タブではユーザーがこれまで投稿した動画が表示されます（35ページ参照）。

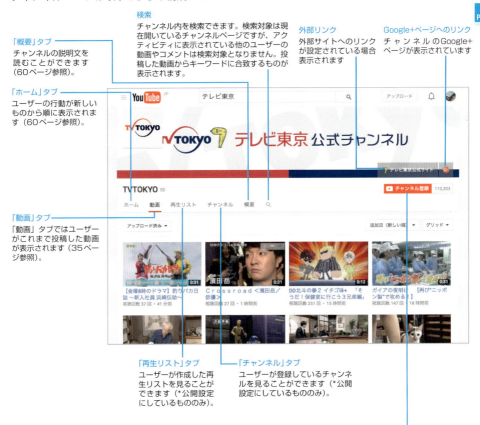

「再生リスト」タブ
ユーザーが作成した再生リストを見ることができます（*公開設定にしているもののみ）。

「チャンネル」タブ
ユーザーが登録しているチャンネルを見ることができます（*公開設定にしているもののみ）。

チャンネルを登録する

チャンネルを登録すると、そのチャンネルの新着動画のお知らせを受け取ることができます。チャンネルの登録については61ページから詳しく解説します。

チャンネルを登録しておけば、新着動画が更新された際に、トップページでお知らせしてくれます

YouTube Perfect GuideBook　59

Part 3　チャンネルを使いこなす

▶「ホーム」タブを見る

チャンネルページの「ホーム」タブでは、ユーザーの行動（動画を投稿した、動画を高く評価した、再生リストに動画を追加した、コメントをした）が新しいものから順に表示されます。

アクティビティを絞って表示する

「ホーム」タブでは、投稿者の情報が時系列に整理されて表示されます。ここから、たとえば「アップロードのみ」を選択すると、ユーザーが動画をアップロードした情報だけを表示してくれます。

「ホーム」タブの情報を固定しているチャンネルもある

チャンネルによっては、「ホーム」タブの表示内容がそれほど多くない場合もあります。これは、投稿者が見せる情報を指定しているためです。企業や団体などのチャンネルページは、表示内容を固定したものが多い傾向にあります。

▶「概要」タブを見る

「概要」タブでは、チャンネルの説明などが書かれています。また関連サイトへのリンクがある場合もあります。🏳をクリックすると、チャンネルの違反をYouTubeに報告できます。投稿者に連絡を取りたい場合は、「メッセージを送信」からコンタクトを取れます（182ページ参照）。

Step 3-2

チャンネルを視聴登録しよう

好きな動画を見つけたら、そのユーザーのチャンネルにアクセスし、ほかの投稿動画を眺めてみましょう。気に入りそうな動画が投稿されているなら、チャンネル登録すれば、最新動画を随時チェックできるようになります。

▶ 登録したチャンネルは左カラムに表示される

登録したチャンネルは、インターネットブラウザの「お気に入り」のようなものといえます。登録したチャンネルは左カラムに表示されるので、ここからいつでもアクセスできます。

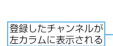
登録したチャンネルが左カラムに表示される

▶ 登録チャンネルの新着情報がトップページに表示される

YouTubeのトップページの上部にある「登録チャンネル」タブを開くと、登録しているチャンネルの更新情報が表示されます。

登録チャンネル
登録したチャンネルに新着動画があると、トップページでお知らせしてくれます。

YouTube Perfect GuideBook **61**

Part 3 チャンネルを使いこなす

▶ 動画ページからチャンネル登録する

気に入ったチャンネルを見つけたら、チャンネル登録してみましょう。

1 動画ページにアクセスする

好きな動画に行き当たったら、動画ビューアー左下のユーザーのアイコンをクリックします。

2 チャンネル登録する

チャンネルページが開きます。「チャンネル登録」ボタンをクリックするとチャンネル登録完了です。

Zoom チャンネル登録人数
チャンネル登録ボタンの隣の数字はそのチャンネルを視聴登録している人数です。

登録したチャンネルを確認する

登録したチャンネルの最新動画をチェックしましょう。

1 登録したチャンネルを確認する

メイン画面に左カラムを表示させます。「登録チャンネル」欄に登録しているチャンネル名が表示されます。最新動画をチェックしたいチャンネルをクリックします。

62

2 チャンネルの状況が表示される

チャンネルが開きます。画面中央のカラムに選択したチャンネルのユーザーの作成した再生リストなどのアクティビティが表示されます。サムネイルかタイトルをクリックすれば、動画ページにジャンプして、動画の再生が始まります。

2. クリックして再生します

1. チャンネルのアクティビティが表示されます

▶ カテゴリから目当てのチャンネルを探し出す

チャンネルはカテゴリ（ジャンル）から検索することが可能です。メインページの「チャンネル一覧」をクリックするとカテゴリ一覧が表示されるので、気になるカテゴリをクリックします。そのカテゴリにまとめられているチャンネルが一覧表示されるので、気になるものをチェックして、登録してみましょう。

1 「チャンネル一覧」をクリックする

YouTubeの左カラムから、「チャンネル一覧」をクリックします。

クリックします

2 気になるカテゴリをクリック

「チャンネル一覧」ページが表示されます。中央カラムにチャンネルのカテゴリ一覧が表示されるので、気になるカテゴリをクリックします。

クリックします

3 チャンネルを選択して内容を確認

指定したカテゴリに登録されているチャンネルが一覧表示されるので、気になるもののプレビューをクリックします。

クリックします

この時点でチャンネル登録する場合はここをクリックします

Part 3 チャンネルを使いこなす

ここでチャンネル登録も可能
好きなアーティストのチャンネルなど、内容を確認するまでもなく登録したいものが一覧にある場合は、「チャンネル登録」ボタンをクリックします。

4 投稿動画をチェックする

動画再生画面がポップアップし、選択したチャンネルに投稿されている動画が表示されます。好きな動画が投稿されているなら「チャンネル登録」をクリックします。そのチャンネルのさらに細かい情報を知りたければ、チャンネル名をクリックします。

5 内容をチェックして登録する

チャンネルページが表示されます。投稿動画やオススメ動画など、チャンネルの詳細をチェックして、気になれば「チャンネル登録」ボタンをクリックします。

YouTubeオススメのチャンネルをチェック
カテゴリ選択前の「チャンネル一覧」ページ中央にはYouTubeのおすすめチャンネルが一覧表示されています。このおすすめチャンネルは、ユーザーの動画の視聴傾向やチャンネルの登録傾向を分析してオススメしているものです。好きな動画が投稿されている可能性が高いので、チェックしてみるといいでしょう。

トップページにもオススメのチャンネルが表示される
YouTubeのトップページにアクセスすると、登録したチャンネルや今まで閲覧した動画の傾向が反映された話題のオススメのチャンネルが表示されます。

64

Step 3-3

チャンネル登録を解除する

Part 3

登録したもののあまり観ていないチャンネルをそのままにしておくと、本当によく観るチャンネルの情報を見逃してしまうこともあります。登録チャンネルは時々整理しておきましょう。

▶ 登録チャンネル一覧から観ないものを解除する

現在登録しているチャンネルはユーザーページで確認・整理することができます。チャンネル一覧を表示させ、あまり観ていないチャンネルの登録を解除しましょう。

1 チャンネルを選択する
左カラムの登録チャンネル一覧から解除したいチャンネル名をクリックします。

2 チャンネル登録を解除する
「登録済み」にマウスカーソルを合わせます。ボタンが「登録解除」に変化したらクリックしましょう。登録が解除できます。

1. クリックします

2. カーソルを合わせます

3. クリックして登録解除します

動画ページからも登録解除可能
すでに登録しているチャンネルの動画を再生させると、動画ページの投稿ユーザー名下に「登録済み」と表示されています。このボタンをクリックして登録を解除することも可能です。

チャンネル情報の更新通知設定も行える
「登録済み」ボタンにある歯車アイコン ⚙ をクリックすると、ポップアップが表示されます。ここでは、チャンネルの更新状況の通知設定を行えます。

1. クリックします

2. 通知設定ができます

YouTube Perfect GuideBook **65**

Part 3　チャンネルを使いこなす

Step 3-4

登録チャンネルを管理する

メイン画面中央カラムの「登録チャンネル」は便利な機能である反面、たくさんチャンネルを登録していると情報が雑多になりすぎることも少なくありません。必要な情報に手早くアクセスできるように整理しておきましょう。

▶ 登録チャンネルに関する情報を表示する

メイン画面中央カラムの「登録チャンネル」タブをクリックすると、登録したチャンネルの新着情報が表示されます。

表示を切り替えて登録チャンネルの更新情報を見る

画面右上のボタンから、登録チャンネルの表示の切りかえができます。☰ボタンをクリックするとリスト表示になり、動画の詳細を確認できます。▦ボタンをクリックするとグリッド表示になり、サムネイルがタイル状に並びます。

リスト表示
サムネイルの横に動画の詳細が表示されます。

グリッド表示
動画のサムネイルがタイル状に並びます。動画のタイトルも表示されます。

▶ 登録チャンネルの並び順を変える

左カラムの「登録チャンネル」は並び替えできます。┊をクリックし、表示されたメニューから並び替えの基準を選択するとその順番に並び変わります。

▶ すべての登録チャンネルを確認する

すべての登録チャンネルを一覧できます。複数のチャンネルに登録している場合の設定変更などに便利です。

1 「登録チャンネル」を開く

「登録チャンネル」に何が登録されているかを確認するには、メニューを開き「登録リストを管理」をクリックします。

クリックします

2 登録チャンネルの管理画面が開く

登録されたチャンネルの一覧が開きます。ここから名前順に並べ替えたり、登録を解除したりといった操作ができるようになっています。

並び替える
登録チャンネルの並び順を変更します。

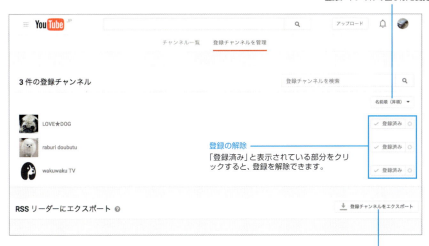

登録の解除
「登録済み」と表示されている部分をクリックすると、登録を解除できます。

登録チャンネルをエクスポート
RSSリーダーで読み込み可能な形式にエクスポートします。RSSリーダーに登録すると、更新情報を把握できます。

YouTube Perfect GuideBook **67**

Part 3　チャンネルを使いこなす

Step 3-5

マイチャンネルを見る

　自分のチャンネルのことを「マイチャンネル」と呼びます。マイチャンネルは、アカウント作成時に開設されています（17ページ参照）。マイチャンネルはカスタマイズが可能で、自分が投稿した動画や再生リスト、高く評価している動画などを選択して表示したり、説明文の追加やチャンネルアートの設定もできます。詳しい方法は後述しますが、ここではマイチャンネルの構造を見てみましょう。

▶ 自分の「マイチャンネル」ページを見る

「マイチャンネル」にはメイン画面からアクセスできます。

1 「マイチャンネル」をクリック

画面左カラムメニューを開き、「マイチャンネル」をクリックします。

2 「マイチャンネル」が表示される

「マイチャンネル」ページが表示されます。自分が登録しているチャンネルや、高く評価した動画などが確認できます。他の人があなたのチャンネルページをみたときも同じものが表示されるので、これらの情報を表示させたくないときは、72ページを参照して、公開情報を制限しましょう。

▶ チャンネルのレイアウトをカスタマイズしている場合

　マイチャンネルは、カスタマイズすると画面上部にメニューが表示されるようになり、ここでさまざまな情報を表示できるようになります。動画を投稿している場合は、チャンネルページのレイアウトをカスタマイズして、オリジナリティを出すと、動画のアクセス数がアップします。詳しいカスタマイズ方法は74ページから解説します。

アイコンを変更する
アイコンの変更ができます（71ページ参照）。

チャンネルアートを変更する
好きな画像をヘッダーに設定します（70ページ参照）。

リンク
外部サイトへのリンクを設定できます（81ページ参照）。

チャンネル設定
チャンネルの公開設定などができます（72ページ参照）。

チャンネル名を変更する
チャンネル名は変更可能です（82ページ参照）。

「ホーム」タブ
初期設定では、最近の投稿、高く評価、再生リストに追加された動画、コメントなどの自分の行動が新しいものから順に表示されます。固定表示にもできます（74ページ参照）。

「動画」タブ
これまでに投稿した動画が一覧されます。非公開で投稿した動画（87ページ）は、他の人からは見えません。

「再生リスト」タブ
これまでに作成した再生リストが一覧されます。非公開で作成した再生リストは、他の人からは見えません。すべての再生リストの非公開も可能です（73ページ参照）。

「チャンネル」タブ
登録しているチャンネルが一覧されます。登録チャンネルを知られたくない場合は非公開設定にもできます（73ページ参照）。

「フリートーク」タブ
公開でコメントのやりとりなどができます。このタブは非表示にもできます。78ページ参照。

「概要」タブ
自由にチャンネルの説明文を書くことができます。外部リンクやメールアドレス、SNSへのリンクも作成できます。79ページ参照。

オススメのチャンネルを設定する
お気に入りのチャンネルを紹介できます。81ページ参照。

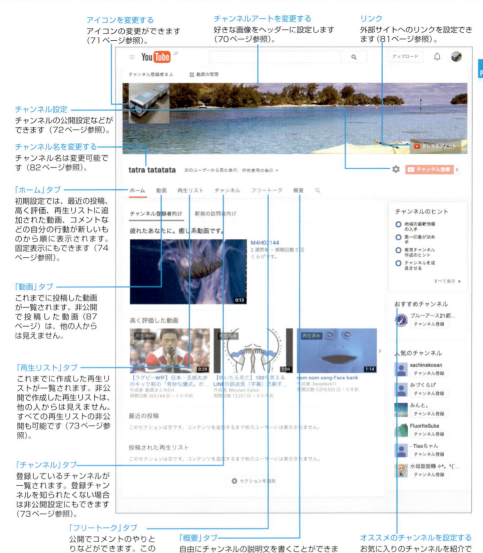

他のユーザーから見た表示を確認する

マイチャンネルのレイアウトをカスタマイズしている場合は、ユーザーを指定して、どう見えているかを確認できます。「次のユーザーから見た表示」の横のメニューをクリックして相手を選択します。

YouTube Perfect GuideBook　**69**

Part 3　チャンネルを使いこなす

Step 3-6

チャンネルアートとアイコンの変更

他のユーザーのチャンネルをみていると、独自の画像を設定しているものがあります。このようにマイチャンネルをカスタマイズすると見栄えの良いチャンネルになります。

▶ ヘッダー画像をカスタマイズする

マイチャンネルの上部に、オリジナルの画像を追加できます。配信するチャンネルにあわせた画像を設定しておくことで、訪問したユーザーがどういった動画が集まっているのかを認識しやすくなるので、ぜひ設定しておきましょう。

1 チャンネルアートを作成する

マイチャンネルより画面中央上部の「チャンネルアートを追加」をクリックします。

2 背景の画像を選択する

「自分の写真」から写真をアップロードするか、「ギャラリー」から、用意されている画像を選択します。

3 「切り抜きを調整」する

「切り抜きを調整」ボタンをクリックして、サイズを調整して「選択」をクリックします。

70

4 チャンネルアートが追加された

チャンネルアートが指定した画像で作成されました。

▶ アイコンを変更する

アイコンを変更します。YouTubeアカウントのアイコンを変更すると、Google+ページのアイコンも同じに変更されます。

1 アイコンをクリック

アイコンにマウスカーソルを乗せると左上に編集アイコンが表示されるのでクリックします。次に開く確認画面では「Google+で編集する」をクリックします。

2 画像を選択

アイコンとして利用する画像を選択し、次の画面でアイコンの不要な部分を切り取るなどしてサイズを変更します。使用するサイズが決まったら「プロフィール写真に設定」をクリックします。
次に共有画面が表示されることがありますが、「キャンセル」で閉じてかまいません。

3 登録完了

アイコンが登録されました。

マイチャンネルのヘッダーにリンクを追加する

チャンネルアートの右下に外部サイトへのリンクを表示できます。詳しくは81ページを参照してください。

YouTube Perfect GuideBook **71**

Part 3　チャンネルを使いこなす

Step 3-7

マイチャンネルで公開される自分の情報を限定する

初期状態では、自分のマイチャンネルに登録チャンネルなどの行動が公開されています。他のユーザーに見せたい情報だけに絞って表示させることで、見やすいチャンネルページに変えることができます。

▶ 登録しているチャンネルや作成した再生リストを非公開にする

マイチャンネルでは、自分が投稿した動画だけではなく、自分が登録しているチャンネルや作成した再生リストなども、不特定多数の視聴者に公開されてしまいます。人に見られたくない場合は非表示にしましょう。

1　チャンネル設定画面を開く

マイチャンネル画面を開き(68ページ参照)、チャンネル登録ボタンの横にある⚙をクリックします。

2　登録チャンネルなどを非公開にする

「チャンネル設定」画面が開きます。ここからチャンネルについてのおおまかな設定ができます。「高く評価した動画と再生リストを非公開にする」と「すべての登録チャンネルを非公開にする」をオンにして、「保存」をクリックすると、登録しているチャンネル、作成した再生リスト、評価した動画がマイチャンネル上で非公開になります。

再生リストを個別に非公開にする

再生リストごとに表示／非表示を設定することもできます(56ページ参照)。

チャンネルのレイアウトをカスタマイズ
「ホーム」に表示させるコンテンツをカスタマイズできます。詳しくは75ページで解説します。

▶ 自分の行動を非公開にする

チャンネルを登録したことなどの自分の操作情報を非公開にできます。

1 「チャンネルナビゲーションを編集」をクリック

前ページの「チャンネル設定」画面で「アカウント設定」のリンクをクリックします。

クリックします

2 表示させるアクティビティを選択する

プライバシー設定画面が開きます。「アップデートフィード」欄で、ホームに表示させる内容のみにチェックを入れます。画面下の「保存」をクリックすると、選択したアクティビティのみがマイチャンネルに表示されるようになります。

1. 設定します
2. クリックします

チャンネル登録
チェックを入れるとチャンネルを登録したことを「ホーム」タブで自動的に表示させます。

動画を高く評価するか再生リストを保存
チェックを入れると動画に高評価を付けたことや、再生リストを保存したことを「ホーム」タブで自動的に表示させます。

公開再生リストへの動画の追加
チェックを入れると公開再生リストに動画を追加したことを「ホーム」タブで自動的に表示させます。

Zoom アカウントアイコンからプライバシー画面を開く

プライバシー画面は、画面右上のアイコン＞⚙ボタンをクリックし、左メニューから「プライバシー」を選択しても表示できます。

Part 3　チャンネルを使いこなす

Step 3-8
マイチャンネルの「ホーム」を カスタマイズする

マイチャンネルは、カスタマイズすることでより多くの情報を表示できるようになります。特に、マイチャンネルの「ホーム」は、他のユーザーが訪れたときに見られる、チャンネルの顔となるページです。ここには、いちばん見せたい内容が表示されるよう、カスタマイズしておくといいでしょう。

▶ マイチャンネルの初期状態

メニューから「マイチャンネル」をクリックすると、マイチャンネルのホーム画面が表示されます（68ページ参照）。マイチャンネルでは、自分が登録しているチャンネル、過去にアップデートした動画、作成した再生リスト、高く評価した動画などが表示されます。

アップロード動画
アップロードした動画が、新しい順に表示されます。

作成した再生リスト
作成した再生リストした動画が、新しい順に表示されます。

登録チャンネル
自分が登録しているチャンネルが一覧されます。

高く評価した動画
高く評価した動画が新しい順に表示されます。

登録チャンネルなどを非公開にしている場合

72ページ、73ページの方法で、登録チャンネルなどを非公開にしている場合は、本人以外には表示されません。

74

▶ チャンネルのレイアウトをカスタマイズする

チャンネル設定画面から「チャンネルのレイアウトをカスタマイズ」をオンにすると、チャンネルがカスタマイズ可能な状態になります。

1 カスタマイズをオンにする

マイチャンネル画面を開き、チャンネル登録ボタンの横にある⚙をクリックします。「チャンネルのレイアウトをカスタマイズ」をオンにして、「保存」をクリックします。

1.クリックします

2.クリックします
3.クリックします

2 レイアウトが変更された

チャンネルのレイアウトが変わりました。「ホーム」「動画」などのメニュータブが表示されます。ホームには見せたい動画をひとつに絞って大きく表示させたり、重要な再生リストから表示させるなどのカスタマイズが可能です。

▶ ホームにおすすめ動画を表示する

上記の方法でカスタマイズをオンにすると、ホーム画面に大きくオススメ動画を表示できるようになります。自己紹介の動画や人気の動画を固定表示させましょう。

1 おすすめ動画の編集画面を開く

一覧の右上にマウスポインターを乗せると表示される「編集」アイコン✎をクリックします。

クリックします

2 表示内容を選択する

「コンテンツ」をおすすめをクリックします。ここで「既定のコンテンツ」欄で「最近のアップロード動画」などを指定することもできます。

クリックします

Part 3　チャンネルを使いこなす

3　動画を選択する

ホーム画面で紹介したい動画をひとつ選択します。再生リストを選択すると、複数の動画を見せることもできます。選択後、「保存」をクリックします。

4　動画の見出しをつける

見出しをつけます。これはオススメ動画の見出しなので、動画のタイトルとは異なる言い回しでかまいません。入力後、「保存」をクリックします。

5　表示内容を確認して完了

表示する内容を確認して、問題がなければ「完了」をクリックします。

新規の訪問者向けの動画を設定する

「新規の訪問者向け」タブからは、初めてチャンネルに訪れたユーザー向けに、チャンネル登録者と違うホーム画面を設定できます。はじめて訪れたユーザーにチャンネル登録してもらえるような動画を設置しておくと効果的です。

固定表示を編集する

固定表示させた動画の中で不要な項目が出てきたら、右上の編集アイコンから編集できます。

1 アクティビティの編集画面を開く

アクティビティの右上にマウスポインターを乗せて「編集」アイコン✐をクリックします。

1. マウスポインターを乗せます
2. クリックします

2 編集する

ホーム画面の編集画面が開きます。「ごみ箱」アイコン🗑をクリックすると、固定表示から削除できます。下部の「セクションを追加」をクリックすると、コンテンツを追加できます。

コンテンツの表示を削除する
コンテンツをホーム画面に表示させない場合はクリックします

セクションを追加
ホーム画面に表示するコンテンツを追加するときはクリックします

3 保存する

編集が終わったら「保存」ボタンをクリックします。

クリックします

Part 3　チャンネルを使いこなす

Step 3-9
「フリートーク」タブでコメントする

「フリートーク」タブでは、自由にメッセージを発信したり、他のユーザーとメッセージのやり取りをすることができます。メッセージはすべてのユーザーに公開されます。

▶「フリートーク」タブでコメントのやり取りができる

フリートークタブから、コメントを投稿することができます。また、他のユーザーから感想などのコメントをつけて貰えると、コメントのやりとりができます。

コメントのやりとりができます

フリートークタブを表示させる

フリートークタブは、初期状態では表示されません。チャンネル設定で「チャンネルのレイアウトをカスタマイズ」をオンにして(75ページ参照)保存し、さらにフリートークを表示をオンにすることで表示されます。また、コメントが届いたとき、自動的に「公開」にするか、承認するまで「非表示」にするかを選択できます。

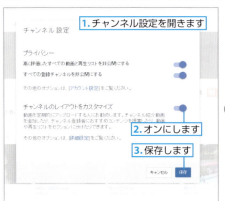

1. チャンネル設定を開きます
2. オンにします
3. 保存します

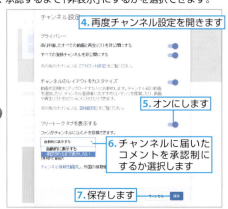

4. 再度チャンネル設定を開きます
5. オンにします
6. チャンネルに届いたコメントを承認制にするか選択します
7. 保存します

コメントを管理する

投稿した(された)コメントの右上にマウスカーソルを合わせ、⋮からコメントを削除したり、不適切なユーザーからの投稿をブロックしたりすることができます。

コメントを削除、コメント主をブロックできます

78

Step 3-10

マイチャンネルの説明文／外部リンク／おすすめチャンネルを設定する

Part 3

マイチャンネルの「概要」タブから、チャンネルの説明文や参照リンクを書いておくことができます。訪れたユーザーが、どういった動画を集めているのかを知ることができる、有用な手段となりますので、ぜひ活用しましょう。

▶「概要」はチャンネルのプロフィールページ

「概要」タブはプロフィールページのようなものです。自由にチャンネルの説明文を書くことなどができます。チャンネルに投稿している動画のジャンルの説明などを詳しく書いたり、自分のブログやSNSへのリンクを張っておけば、視聴者に興味を持ってもらえるでしょう。会社の広報手段としても有効です。

説明文
チャンネルの説明を表示します（80ページ参照）。

おすすめのチャンネル
オススメしたいチャンネルを表示させられます（81ページ参照）。

リンク
ホームページやブログなどのリンクをつけることができます。
チャンネルアートの右下にも表示されます。

Part3 チャンネルを使いこなす

▶ チャンネルの説明文を表記する

「概要」タブに自由にチャンネルの説明文を書きましょう。YouTubeのさまざまな場所に表示されます。

1 「概要」タブをクリック

マイチャンネルを表示し（68ページ参照）、「概要」タブをクリックします。

2 「チャンネルの説明」をクリック

「チャンネルの説明」ボタンをクリックします。

3 チャンネルの説明文を入力する

フォームに説明文を入力し、「完了」ボタンをクリックして保存します。

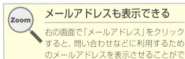

メールアドレスも表示できる

右の画面で「メールアドレス」をクリックすると、問い合わせなどに利用するためのメールアドレスを表示させることができます。

チャンネルアートのリンクからも編集できる

チャンネルアートの右上の✏アイコンをクリック＞「リンクを編集」をクリックしても、「概要」の編集画面に移動します。

▶ チャンネルにリンクを設定する

自分のホームページやブログを持っている場合は、URLを表示させて導線を作ることもできます。最大5件の外部リンクと、1つのGoogle＋リンクを表示させることができます。チャンネルアートにオーバーレイ表示させることも可能です。

1 リンクを設定する

前ページ手順2で「リンク」欄の「追加」ボタンをクリックします。

2 リンクを設定する

カスタムリンクに表示させたい文字とURLを入力し、「完了」をクリックします。

▶ 「おすすめチャンネル」を利用する

前ページ手順2で画面右側の「おすすめチャンネルを追加」ボタンをクリックします。セクションのタイトルを入力、宣伝したいチャンネルのユーザー名等を入力し、「追加」＞「完了」をクリックすると、チャンネルが追加されます。

Part 3　チャンネルを使いこなす

Step 3-11

マイチャンネルの詳細設定

「クリエイターツール」のチャンネル＞詳細設定から、チャンネルで公開される情報についてさらに細かく指定することができます。ここでは、チャンネル名の変更／おすすめチャンネルへの表示／チャンネル登録者数の非公開設定の方法を確認します。

▶ チャンネルの公開情報を設定する

自分のチャンネルを「おすすめチャンネル」に表示させたくない場合や自分のチャンネルを登録している人数を非公開にしたい場合などは、「クリエイターツール」から設定します。

1 クリエイターツールを開く

画面右上のプロフィールアイコンをクリックして「クリエイターツール」をクリックします。

2 チャンネルを開く

左カラムの「チャンネル」＞「詳細設定」をクリックします。

3 非表示に指定する

「チャンネルのおすすめ」と「チャンネル登録者数」欄で非表示に設定し、「保存」ボタンをクリックします。

チャンネル名を変更
チャンネル名を変更したい場合はここから変更します。

自分の動画の横での広告の表示を許可する
収益受け取りを有効にしていないのに広告が表示されることがあります。これを許可したくない場合は、チェックを外します（詳しくは140ページ参照）。

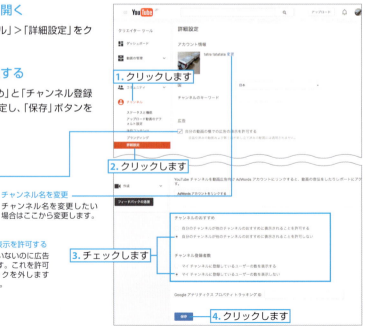

YouTube Perfect GuideBook

Part 4

動画のアップロードと加工

YouTubeは単に動画を観るだけのサービスではありません。自分で動画を撮影してアップロードし、世界中の人たちに観てもらうことができるサービスです。ここでは動画の撮影・編集・アップロードの方法を紹介します。

Part 4　動画のアップロードと加工

Step 4-1

アップロードの前の準備

YouTubeは動画を見るだけのサービスではありません。自分で撮影した動画をアップロードして友達と共有したり、世界中の人に自分の作品を見てもらうことができます。ここではまずアップロードするための動画を作成する準備と、アップロードの手順を簡単に紹介します。手順が多くて大変に感じるかもしれませんが、実際にやってみると意外に簡単です。

▶ 動画を作成する

まずはYouTubeにアップロードするための動画を作成し、パソコンに取り込みましょう。

1 動画を撮影する

YouTubeにアップロードする動画を撮影します。動画機能が付いているものであれば、ビデオカメラ、デジカメ、スマートフォンなどなんでも構いません。ただし初期状態では動画の再生時間は15分、ファイルサイズは2GBまでという制限があります。この制限はアカウントの確認を行うことで撤廃されます（詳しくは96ページを参照）。

デジカメ

ビデオカメラ

スマートフォン

動画撮影機能がついているものなら、ほぼなんでもOK

> **Zoom　YouTubeが対応している動画フォーマット**
>
> YouTubeは現在一般的に使われている動画ファイルの形式であれば、ほとんどのフォーマットに対応しています。万一アップロードができなかった場合は動画編集ソフトなどで、MPEG4、AVI、WMV、FLVなどに変換する必要があります。

2 動画をパソコンに取り込む

ビデオカメラやデジカメで撮影した動画データを、USBケーブルやSDカード等を経由してパソコンに取り込みます。接続方法については、各機材のマニュアルを参照してください。

SDカード

USBケーブル

スマートフォンからアップロードする

スマートフォンのカメラで撮影した動画は、一度パソコンに取り込む方法以外にも、スマートフォン用アプリを使って、そのままYouTubeにアップロードすることもできます。詳しくはPart6で解説します。

古いメディアから動画を取り込む

VHSや8mmビデオなどのアナログデータも、専用のソフトを使えばパソコンに取り込んでデータ化することが可能です。

「ビデオ きれいにDVD2」
http://www.ah-soft.com/vhs/index.html

3 動画を編集する

取り込んだ動画が長すぎる場合や、複数の動画を一本に編集したい場合は、パソコンの動画ソフトを使って動画を編集します。動画編集外には、Windows用の「Windows Liveムービーメーカー」や、Mac用の「iMovie」などがあります。
なお、アップロードしたあとにYouTubeの編集機能を使って編集することもできるので、編集ソフトを持っていない場合はそのままでかまいません。

Windows Liveムービーメーカー
http://windows.microsoft.com/ja-JP/windows-live/movie-maker-get-started

iMovie
http://www.apple.com/jp/mac/imovie/

編集ソフトからYouTubeに直接アップロードできる

動画編集ソフトには、作成した動画を直接YouTubeにアップロードする機能を持っているものがあります。この機能を使えば、ブラウザでYouTubeにアクセスしなくともソフトだけで動画の作成とアップロードを完結させることが可能です。

Part 4　動画のアップロードと加工

Step 4-2

動画をアップロードする

動画の準備ができたらさっそくYouTubeにアップロードしましょう。アップロードには少し時間がかかるので、その間に動画のタイトルや説明文など各種情報を入力することができます。

▶ 動画をアップロードし情報を入力する

デジカメなどで撮影してPCに取り込んだ動画ファイルをアップロードし、各種情報を入力してみましょう。

1 「アップロード」をクリック

YouTubeにログインした状態で画面上部にある「アップロード」をクリックします。

2 「アップロードするファイルを選択」をクリック

アイコンをクリックすると動画ファイルの選択画面に移動します。

3 動画ファイルを選択する

ファイルダイアログが開くのでアップロードしたい動画ファイルを選択して、「開く」をクリックします。

4 動画のアップロードが開始される

指定した動画のアップロードが始まります。しばらく時間がかかるので、そのあいだに画面下部にある情報欄の入力をしておきましょう。ただし全項目を入力する必要はありません。また、あとから追加や編集も可能です。入力した情報は自動的に保存されるので、「保存」ボタンをクリックする必要はありません。「基本情報」の入力が終わったら「詳細情報」にタブを切り替えます（次ページ参照）。

「プライバシー設定」を選択
動画を公開する範囲を設定します。「公開」を選ぶと誰でも、「限定公開」を選ぶと動画のURLを知っている人だけが閲覧できます。また、「非公開」を選ぶと表示されなくなりますが、メールアドレスやYouTubeアカウントで指定した50人以内のユーザーと共有することができます。

タイトルを入力
動画のタイトルを入力します。

説明を入力
動画の説明を入力します。動画の内容をなるべく具体的に書いておきましょう。

情報欄に記入します

動画/音声品質
動画や音声にブレがある場合に表示されます。「修正する」をクリックすると自動的に修正してくれます。

タグを入力
動画に関連するキーワードを入力します。英語でも日本語でも構いません。複数入力する場合は「,(カンマ)」で区切ります。
「タイトル」、「説明」、「タグ」は動画検索に利用されるので、たくさんの人に見てもらうためにもしっかり入力しておきましょう。

再生リストに追加
アップロードした動画を再生リストに追加する場合は、こちらをクリックして追加したい再生リストを選択します。

サムネイルを選択
動画のアップロードが進むとサムネイルの候補が複数表示されるので、その中からいちばん動画の内容がわかりやすいものを選択します。

YouTube Perfect GuideBook **87**

Part 4　動画のアップロードと加工

「所有するライセンスと権利」を選択
動画の権利について選択します。通常は「標準のYouTubeライセンス」でよいですが、「クリエイティブ・コモンズ」を選ぶと、より細かいライセンスを指定することができます。自作の映像や曲などをアップロードする場合に利用するといいでしょう。

タブを切り替えると詳細設定ができます

コメント設定
アップロードした動画に対するコメントやレスポンスを許可する範囲を指定します。

「カテゴリ」を選択
動画のカテゴリを選択します。選択肢の中から一番近いものを選びましょう。

「動画の撮影場所」を指定
撮影場所の名前を入力して「検索」ボタンをクリックすると地図が表示されます。地図上から直接クリックして場所を選ぶことも可能です。

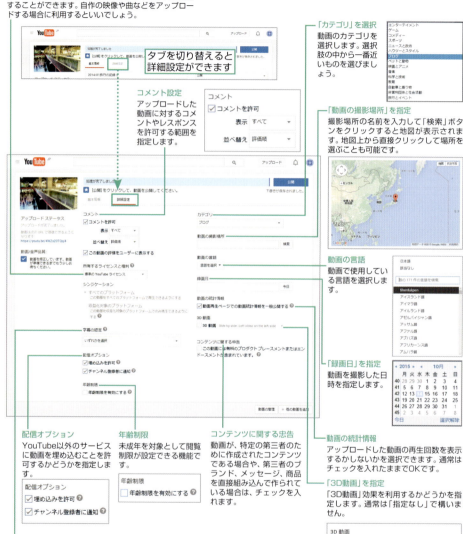

動画の言語
動画で使用している言語を選択します。

「録画日」を指定
動画を撮影した日時を指定します。

配信オプション
YouTube以外のサービスに動画を埋め込むことを許可するかどうかを指定します。

年齢制限
未成年を対象として閲覧制限が設定できる機能です。

コンテンツに関する忠告
動画が、特定の第三者のために作成されたコンテンツである場合や、第三者のブランド、メッセージ、商品を直接組み込んで作られている場合は、チェックを入れます。

動画の統計情報
アップロードした動画の再生回数を表示するかしないかを選択できます。通常はチェックを入れたままでOKです。

「3D動画」を指定
「3D動画」効果を利用するかどうかを指定します。通常は「指定なし」で構いません。

字幕の設定
動画には必要に応じて字幕を入れることが可能ですが、ここではアメリカ合衆国におけるFCC規制の対象であるかを確認する項目となっています。

88

5 「公開」ボタンをクリックして公開する

「処理が完了しました」と表示されたら、「公開」ボタンをクリックします。サムネイルかURLをクリックしましょう。アップロードされた動画がきちんと再生されるか確認しましょう。

1. 完了と表示されます

2. クリックします

6 動画が公開される

動画が公開されました。動画のURLとSNSのボタンが表示されます。サムネイルをクリックして動画を再生してみましょう。

Zoom　アップロードをSNSで共有する

TwitterやFacebookのアカウントと連携しておくと、新しい動画をアップロードした時、リンクの投稿をすることができます。

7 動画を確認する

動画を再生します。自分が投稿した動画の下には、各種編集ツールのアイコンが表示されます。ここから動画編集画面へ簡単にアクセスできます。

Zoom　複数のファイルをアップロードする

動画ファイルは、アップロード時に複数選択することで、まとめてアップロードすることも可能です。

Zoom　アップロードはドラッグ＆ドロップでもできる

ファイルダイアログから選ばなくても、アップロードページに動画ファイルをドラッグ＆ドロップするだけでアップロード可能です。

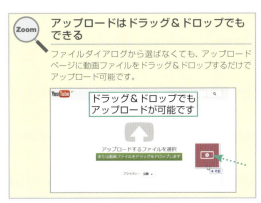

Part 4　動画のアップロードと加工

▶ ウェブカメラからアップロードする

ノートパソコンに付いているカメラやUSB接続のウェブカメラを使い、YouTubeに直接動画を撮影してそのまま公開することができます。

1 「ウェブカメラから録画する」をクリック

YouTubeにログインした状態で画面上部にある「アップロード」ボタンをクリックし、アップロード画面を開いたら、右側にある「ウェブカメラで撮影」の「録画」ボタンをクリックします。

2 「録画を開始」をクリック

映像と音声がきちんと入力されていることを確認し「録画を開始」をクリックします。撮影を開始し、終わったら「録画を終了」ボタンをクリックします。

3 「続行」をクリック

確認して「続行」ボタンをクリックします。撮り直したい時は「最初からやり直す」ボタンをクリックして、もう一度撮影します。

4 情報を入力する

ファイルをアップロードした時と同様に、動画の情報を入力して公開します（87ページ参照）。

▶ Googleフォトに保存している動画をアップロードする

Googleのクラウドサービス「Googleフォト」はYouTubeと同じGoogleのサービスです。同じGoogleアカウントでログインしているなら、ここに保存している動画は簡単な操作でアップロードできます。

Googleフォトとは

Googleフォトは、Googleの提供する写真や動画をクラウドに保管するサービスです。撮影したものや場所で簡単に検索、整理できるので便利。YouTubeと同じく、Googleアカウントがあればすぐに使えます。

1 「Googleフォトから動画をインポート」を選択

86ページの動画のアップロードの際に右側の「Googleフォトから動画をインポート」の「インポート」ボタンをクリックします。

2 動画を選択する

Googleフォトに保存している動画の一覧が表示されます。アップロードしたい動画を選択します。

3 情報を入力して公開する

ファイルをアップロードした時と同様に、動画の情報を入力して公開します（87ページ参照）。

情報を入力して公開します

Part 4　動画のアップロードと加工

Step 4-3
投稿した動画の確認と情報の編集

YouTubeには、「クリエイターツール」という、動画の情報編集や管理のための機能が用意されています。クリエイターツールを利用することで、内容を解説したり、編集したりできるようになっています。

▶ 投稿した動画を確認する

投稿したすべての動画は公開・非公開に関わらず「動画の管理」画面で確認できます。

1 クリエイターツールを開く

画面右上のプロフィールアイコンをクリックし、表示されたメニューから「クリエイターツール」をクリックします。

2 投稿動画の一覧をチェック

「動画の管理」をクリックします。

3 投稿済み動画が一覧される

いままでにアップロードした動画のリストが表示されます。「表示」ボタンをクリックすると、メニューから投稿動画の並び順を変更できます。「再生回数の多い順」を選択すると、再生回数の多い順に動画が並び替えられます。

92

表示形式を変更する

動画の表示スタイルをボタンで変更できます。

1. クリックします

2. 表示スタイルが変更されました

▶ 動画の情報を編集する

タイトルや説明文などの情報はあとからいつでも変更することができます。

1 動画を選んで編集する

動画の管理画面（前ページ参照）で、投稿動画一覧の中から、情報を編集したい動画の「編集」ボタンをクリップします。

クリックします

2 情報を編集する

情報欄が表示されるので、任意の場所の編集を行いましょう。編集が終わったら「変更を保存」ボタンをクリックします。

1. 編集できます

2. クリックします

Part 4　動画のアップロードと加工

Step 4-4

投稿した動画を削除する／非公開設定にする

投稿した動画はいつでも削除することができます。ただし一度削除するとYouTube内からは完全になくなってしまいますので、「編集しなおす間だけ公開したくない」という動画は、「非公開設定」にしましょう。

▶ 動画を削除する

削除した動画はYouTubeのサーバからも完全に消去されます。再び掲載したい場合はアップロードし直す必要があります。

1 クリエイターツールを開く

YouTubeにログインした状態で画面右上に表示されるプロフィールアイコンをクリックし、「クリエイターツール」をクリックします。

2 「動画の管理」をクリック

表示されるメニューの中から「動画の管理」をクリックします。管理画面に表示されるアップロードされた動画の中から、削除したい動画の左側にあるチェックボックスにチェックを入れます。

3 動画をチェックし「削除」する

画面上部の「操作」をクリックすると表示されるメニューから「削除」を選択します。

 複数選択も可能
複数の動画にチェックを入れて同時に削除することも可能です。

94

4 確認画面が表示される

確認画面が表示されるので「削除する」をクリックします。なお、一度削除した動画を復活させることはできません。もう一度公開したい時はアップロードし直す必要があります。

クリックします

▶ 動画を非公開にする

動画を削除してしまうとその動画はYouTubeのサーバからも完全に消えてしまうため、もう一度公開したい時はアップロードし直す必要がありますが、動画の公開範囲を「非公開」に変更すれば、サーバに動画を残したまま、外部からの閲覧ができないようにできます。

1 「編集」ボタンをクリックする

動画の管理画面（94ページ参照）で非公開にしたい動画の「編集」ボタンをクリックします。

2 「非公開」を選択する

「基本情報」の中の「プライバシー設定」をクリックし、表示されたメニューから「非公開」を選択し、「変更を保存」をクリックします。

3 非公開設定になった

動画を「非公開」に設定できました。動画管理画面で非公開アイコンが表示されているか確認しましょう。
非公開動画は、サーバに動画を残したまま、誰も見ることができないようになります。再び動画を公開したい場合は、前手順で「公開」を選びましょう。

> **Zoom 限定公開**
>
> 限定公開とは非公開動画の一種で、ムービーのリンク（URL）を知っている人のみが再生できます。特定の少人数だけに公開したいムービーに利用するといいでしょう。

YouTube Perfect GuideBook **95**

Part 4　動画のアップロードと加工

Step 4-5

15分以上の長さの動画をアップする

通常、YouTubeにアップロードできる動画の制限時間の上限は15分ですが、設定により上限を引き上げることができます。

▶ アップロードの上限を引き上げる

制限時間を超える長さの動画をアップロードするには、携帯電話を使った承認が必要です。

1 クリエイターツールを開く

YouTubeにログインした状態で画面右上に表示されるプロフィールアイコンをクリックし、「クリエイターツール」をクリックします。

2 「制限時間を超える動画」を有効にする

「チャンネル」＞「ステータスと機能」をクリックします。「制限時間を超える動画」の「有効にする」ボタンをクリックします。

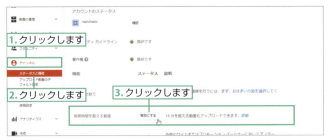

3 アカウントの確認

画面の指示通り進みます。アカウントがロボットでないかを確認するために「確認コード」を携帯電話で受け取り、入力する必要があります。自動音声メッセージかSMSのどちらかで確認コードを受け取り、入力すると制限時間を超える動画をアップロードできるようになります。

Step 4-6

動画加工ツールを使って動画に効果を加える

動画加工ツールを利用すると、アップロードした動画の画質を調整したり、BGMを追加したり、不要な部分をカットしたりといったことが簡単にできるようになります。また、加工した動画は別名で保存することも可能です。

▶ 動画加工ツールを利用する

アップロードした動画はブラウザ上で編集することができます。YouTubeが提供している「動画加工ツール」は、ほぼワンクリックで動画に様々な効果を加えることができる便利な動画編集ツールです。加工前と加工後の画面を同時に見ることができるので、効果を確かめるのも簡単です。何度でもやり直しできるので、気に入った効果が得られるまで色々試してみましょう。

動画加工ツールの画面構成

動画加工ツールの画面は以下のようになっています。画面の右側に配置されている各種効果をクリックすると、すぐにその結果が左側の再生画面で再生されます。画面の左半分はオリジナル、右半分は効果適用後の画像が表示されるので、見比べながら確認できます。

Part 4　動画のアップロードと加工

▶ 動画加工ツールの起動と保存

動画管理画面から加工したい動画を選び、動画加工ツールを起動しましょう。

1 クリエイターツールを開く

YouTubeにログインした状態で画面右上に表示されるプロフィールアイコンをクリックし、「クリエイターツール」をクリックします。

2 「動画の管理」をクリック

表示されるメニューの中から「動画の管理」をクリックします。投稿した動画が一覧表示されます。加工したい動画の「編集」ボタンをクリックします。

3 「動画加工ツール」をクリック

画面上部のメニューから「動画加工ツール」をクリックします。

4 動画を編集する

気に入った効果をクリックすることで、適用できます（効果の詳細は100ページ参照）。ここでは、フィルタを適用しました。効果を取り消したい時は画面右上の「最初の状態に戻す」をクリックします。

5 名前を付けて保存

編集が終わったら「保存」ボタンの左側の「新しい動画として保存」をクリックします。

クリックします

上書き保存するには
「保存」をクリックすると、元の動画を残さずに上書き保存されます。

6 画像処理が行われる

動画の長さにもよりますが、しばらく時間がかかります。画像処理が終了すると自動的に新しい動画として公開されます。元の動画も残っているので必要がない場合は削除しておきましょう。

処理が行われます

7 動画の名前等を修正する

動画のタイトルは「○○（元動画の名前）のコピー」になっています。アップロードが終わったら、動画の横の「編集」ボタンをクリックして、新しく名前を付けたり、説明文を書き直したりましょう。

Part 4 動画のアップロードと加工

▶「動画加工ツール」でできること

右側の効果パネルをクリックすることで、動画に様々な効果を加えることができます。

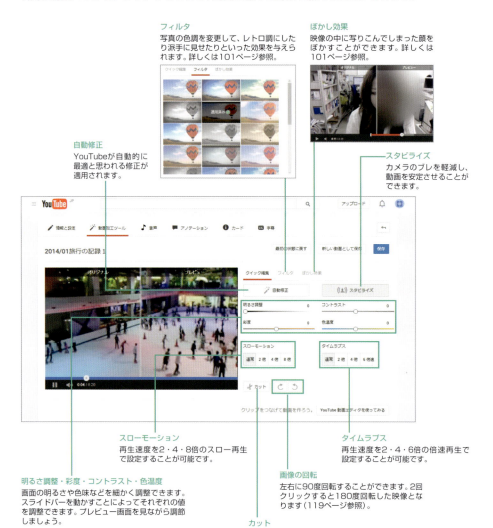

フィルタ
写真の色調を変更して、レトロ調にしたり派手に見せたりといった効果を与えられます。詳しくは101ページ参照。

ぼかし効果
映像の中に写りこんでしまった顔をぼかすことができます。詳しくは101ページ参照。

自動修正
YouTubeが自動的に最適と思われる修正が適用されます。

スタビライズ
カメラのブレを軽減し、動画を安定させることができます。

スローモーション
再生速度を2・4・8倍のスロー再生で設定することが可能です。

タイムラプス
再生速度を2・4・6倍の倍速再生で設定することが可能です。

明るさ調整・彩度・コントラスト・色温度
画面の明るさや色味などを細かく調整できます。スライドバーを動かすことによってそれぞれの値を調整できます。プレビュー画面を見ながら調節しましょう。

画像の回転
左右に90度回転することができます。2回クリックすると180度回転した映像となります（119ページ参照）。

カット
動画データの余分な箇所をトリミングできます。クリックすると下に編集画面が表示されます（101ページ参照）。

100

動画をカットする

左下の「カット」ボタンをクリックすると、動画の下にタイムラインが表示され、開始ポイントと終了ポイントを指定することで前後の余分な部分をカットすることができます。

1. クリックします

2. 動画の開始／終了時間を変更できます

動画を回転する

動画の右下にある矢印をクリックすることで動画を左右に90度回転させることができます。

フィルタで動画の色味を変更する

「フィルタ」タブをクリックすると、効果が一覧されます。クリックすると、動画に各種効果を与えることができます。効果適用前と適用後の画像を左右に並べて見比べながら気に入ったものを選びましょう。

顔にぼかしを入れる

「ぼかし効果」をクリックすると、顔を自動的にぼかす効果を有効にするための画面が現れます。オリジナルとプレビューを見比べながら、正しくぼかしが入っているかを確認できます。

YouTube Perfect GuideBook　**101**

Part 4　動画のアップロードと加工

Step 4-7

動画にBGMを付ける

動画にあらかじめ用意された多数のフリー音源を使ってBGMを付けることができます。動画だけでは物足りない時に使ってみるといいでしょう。

▶ 音声を追加する

BGMを選んで追加しましょう。元々の動画の音声との比率を決めることができるので、元の音声も一緒に再生できます。

音楽は選ばれたものだけ？
YouTubeの音声変更画面や動画編集ツールでは、あらかじめ用意されたBGMしか利用することができません。動画にオリジナルのBGMを使用したい場合は、YouTubeではなく別の動画編集ソフトを使用する必要があります。

1 「音声」を選択
動画加工ツール画面上部にある「音声」をクリックします。

2 リストからBGMを選ぶ
動画の右側にBGMのリストが表示されます。動画の再生時間にあわせ、適切な曲を選んでクリックします。元の音声に代わりBGMが再生されます。

3 BGMのバランスを変更する
「音楽を優先」になっているバーを左側にスライドさせることで、元の音声とBGMをミックスすることができます。

4 BGMの範囲を指定する
「音声の位置決め」ボタンをクリックし、BGMの開始ポイントと終了ポイントを指定することができます。

曲を検索する
検索ウィンドウにキーワードを入れることでBGMを検索することができます。ジャンル名などを入れて試してみましょう。

▶「オーディオライブラリ」でYouTubeで使える音楽を確認する

動画編集ソフトなどを使ってオリジナルの動画を作成する際に、自作以外の楽曲を使用すると著作権違反になる可能性があります。YouTubeの「オーディオライブラリ」には、自由にダウンロードして自分の動画に利用できる無料の音楽や効果音が多数用意されているので、動画に音楽を使用したい場合は、「オーディオライブラリ」からダウンロードして利用すると安心です。

1 「編集」をクリック

プロフィールアイコンをクリックし、「クリエイターツール」をクリックします。「作成」＞「オーディオライブラリ」をクリックすると、動画に使える無料の音楽を確認できる「オーディオライブラリ」が開きます。

2 音楽を探す

好きな音楽を探します。楽曲のジャンル、雰囲気、利用されている楽器、長さなどのフィルタを使って曲を絞り込むことができます。左側の「再生」ボタンをクリックすると試聴できます。

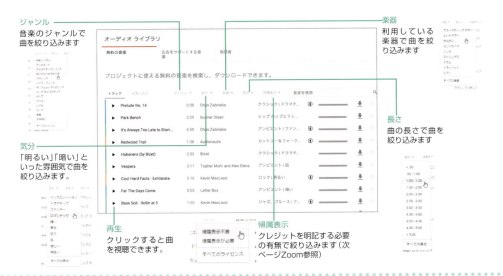

YouTube Perfect GuideBook   **103**

> **Zoom 帰属表示マークについて ⓘ**
>
> ⓘ アイコンが付いた曲は、自由に使えますが作者のクレジットなどを動画の説明に表示する必要があります。詳しくは曲名をクリックすると表示されます。

3 曲をダウンロードする

気に入った音楽を見つけたら右側の ⬇ ボタンをクリックします。パソコンに曲がダウンロードされます。

1. クリックします
2. ダウンロードが始まります

広告をサポートする音楽を探す

レコード会社から発売されている曲の中には、YouTubeで動画のBGMとして使用することが許可されている楽曲もあります。「広告をサポートする音楽」タブから検索することによって、利用できる曲を探すことが可能です。

効果音を探す

「効果音」タブをクリックすると、赤ちゃんの鳴き声や、雷の音といった効果音をダウンロードできます。

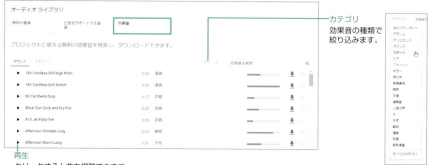

カテゴリ
効果音の種類で絞り込みます。

再生
クリックすると曲を視聴できます。

104

Step 4-8

アノテーションを追加する

アップロードした動画には、任意のタイミングでアノテーション（注釈）を重ねることができます。アノテーションにはタイトルや吹き出しなどのスタイルが用意されており、カーソルを重ねることで表示されるホットスポットや、他の動画へのリンクなどを追加することもできます。

▶ アノテーションを使った動画

アノテーションとは、動画の中の決められたタイミングでテキストによる情報や他の動画へのリンクなどを動画内に表示する機能です。

作者が自由に設定できる

アノテーションは動画の作者が自由に設定できます。また、アノテーションの表示／非表示は視聴者が選ぶことができます。

▶ アノテーションエディタを起動する

「動画の管理」からアノテーションを追加したい動画を選び、アノテーションエディタを起動します。

1 「編集」をクリック

プロフィールアイコンをクリックし、「クリエイターツール」をクリックします。「動画の管理」＞「動画」をクリックします。
アノテーションを追加したい動画の「編集」ボタンをクリックします。

Part 4　動画のアップロードと加工

2 「アノテーション」をクリック

画面上部のメニューから「アノテーション」をクリックします。「アノテーションエディタ」が起動し、動画の再生が始まります。

クリックします

アノテーションを追加する

続けて、アノテーションの追加を行います。アノテーションの追加は、追加したい場所で「アノテーションを追加」ボタンをクリックして種類を選択、位置を調整してテキストを入力するだけと、とても簡単です。

1 「アノテーション追加」ボタンをクリック

追加したい場所で動画を一時停止し、「アノテーションを追加」ボタンをクリックします。

2. クリックします

1. 動画を一時停止します

 タイミングと場所はあとから編集可能
アノテーションが表示されるタイミングと動画上の位置はあとから自由に編集できるので、最初はおおまかな場所に追加してもあとから編集可能です。

2 アノテーションの種類を選択

追加したいアノテーションの種類を選択します。ここでは「吹き出し」を選びます。

 その他のアノテーション
吹き出し以外のアノテーションについては110ページから解説します。

選択します

106

3 吹き出しが追加された

動画の左上に吹き出しが追加されました。

4 動画にテキストを入力する

右側の編集画面にテキストを入力します。動画上の吹き出しに入力したテキストが表示されました。

5 位置を調整

動画上で吹き出しをクリックし、ドラッグで位置を調整します。四隅をドラッグすると吹き出しの大きさを変更することもできます。

6 吹き出しのスタイルを変更する

下の編集画面では、吹き出し内のテキストの大きさや色、背景色などを変更できます。編集画面の項目はアノテーションの種類によって違います。

7 表示時間を変更する

アノテーションの表示時間は初期設定では5秒ですが、動画の下にあるタイムライン上に表示されたアノテーションの左右をドラッグすることによって表示時間を自由に調整できます。また右側の編集画面で細かいタイミングを入力することも可能です。

8 リンクを追加する

アノテーションには他の動画へのリンクを追加することもできます。また、動画以外にも再生リストやチャンネル、Google+プロフィールページなどへのリンクも可能です。ただし、通常のウェブサイトへのリンクはできません。

9 「変更を適用」ボタンをクリック

アノテーションの追加が終わったら画面右上の「変更を適用」ボタンをクリックします。

10 動画を確認する

動画を再生し、アノテーションが追加されているか確認します。

リンクの種類

アノテーションで選択できるリンクの種類には、以下のようなものがあります。

動画
特定の動画へのリンクです。

チャンネル
YouTubeチャンネルへのリンクです。自分が作成していないものでも構いません。

チャンネル登録
ユーザーチャンネルの登録を促すためのリンクを生成します。

再生リスト
再生リストへのリンクです。自分が作成していないものでも構いません。

Google+プロフィールページ
自分のGoogle+プロフィールページへのリンクです。

クラウドファンディングプロジェクト
資金調達のためのクラウドファンディングサイトに移動するためのリンクを生成します。

 クラウドファンディングプロジェクト

クラウドファンディングプロジェクトとは、資本の少ないスタートアップ企業や個人事業主などが製品を作るための資金を調達するためのサービスです。YouTubeにプレゼンテーションを投稿して製品を知ってもらい、一般のユーザーから予約金を集めることで、少ない資本でのモノづくりができるようになっています。

資金調達プロジェクト一覧
- Kickstarter
- Rockethub
- Causes
- Donorschoose
- Change.org
- Indiegogo

 アノテーションは自動保存される

アノテーション編集中は30秒毎に自動保存されます。「保存」ボタンをクリックして手動で保存することも可能です。

▶ アノテーションの種類を選択する

アノテーションには「吹き出し」以外にもいくつかの種類があります。1つずつ見ていきましょう。「アノテーションを追加」ボタンをクリックすると、プルダウンメニューに5種類のアノテーションが表示されます。

吹き出し

マンガの吹き出し状のアノテーションです。人物や物に対して使うといいでしょう。

注

❽をクリックすると消すことが可能なアノテーションです。

タイトル

大きなフォントのアノテーションです。動画冒頭や画面切り替わり時のタイトルに利用するといいでしょう。

スポットライト

動画内の特定の場所をハイライト表示し、カーソルを重ねると説明が表示されるアノテーションです。動画にインタラクティブな要素を付け加えることができます。

ラベル

動画の特定の時間に登場する特定の場所に名前を付けるタイプのアノテーションです。

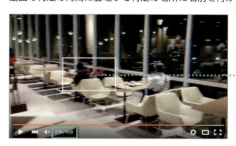 

Part 4　動画のアップロードと加工

▶ アノテーションを編集する

作成したアノテーションは後からいつでも編集することができます。

1 「既存のアノテーションを編集」をクリック

編集したい動画からアノテーションエディタを表示し、「既存のアノテーションを編集」をクリックします。

2 アノテーションを選ぶ

プルダウンメニューに設定されたアノテーションの一覧が表示されるので、その中から編集したいものを選択します。

3 アノテーションを編集する

編集ウィンドウやタイムラインでアノテーションを編集します。

4 「変更を適用」ボタンをクリック

編集が終わったら、「変更を適用」ボタンをクリックします。

Step 4-9
複数の動画を1本につなげる

「動画エディタ」を使えば、複数の動画をまとめて一本の動画にすることができます。単に動画をつなげるだけではなく、タイトルやBGMを入れたり、動画切り替え時にエフェクトを挿入することなども可能です。

▶ 動画エディタを起動する

動画管理画面から動画エディタを起動しましょう。

1 「動画エディタ」をクリック

画面右上のプロフィールアイコンをクリックし、「クリエイターツール」をクリックします。左カラムメニューから「作成」>「動画エディタ」の順にクリックします。

2 「動画エディタ」が表示される

動画エディタが表示されました。情報量が多いのでブラウザを全画面表示にすることをオススメします。

▶ クリップを追加する

動画エディタの左上にアップロード済みの動画が表示されています。これらは「クリップ」と呼ばれ、画面下部のタイムラインと呼ばれる場所に並べていくことによって複数（最大50本）の動画で構成された新たな動画を作成することができます。

1 クリップを追加する

動画エディタの左側に表示されているクリップにカーソルを持って行き、右上に表示される ➕ をクリックします。

Part 4　動画のアップロードと加工

2 クリップが追加された

タイムラインにクリップが追加されました。

3 もう一つクリップを追加する

別のクリップを選んで＋をクリックします。

 同じクリップを選んでもいい
1つの動画に同じクリップを複数回追加することもできます。印象的なシーンを強調するときなどに使ってみましょう。

4 連続してクリップが追加された

最初に追加したクリップの後ろに、もう一つのクリップが追加されました。

5 ドラッグ＆ドロップで追加する

クリップはドラッグ＆ドロップで追加することもできます。

6 クリップを移動する

タイムライン上でクリップをドラッグ＆ドロップして順番を入れ替えることができます。

7 クリップを削除する

タイムライン上のクリップにカーソルを持っていくと右上に表示される×をクリックすると、そのクリップをタイムラインから削除することができます。ただし動画自体が消えてしまうわけではありません。

8 完成したクリップをプレビューする

クリップを並べたら左上のプレビュー画面で再生してみましょう。

> **Zoom クリエイティブ・コモンズ動画を利用する**
>
> 画面左上のクリップメニューから「CC」を選ぶと、クリエイティブ・コモンズによって著作権をクリアした動画を検索し、動画に使用することができます。キーワード検索で使えそうなものを探してみましょう。
>
>

▶ クリップをカットする

配置したクリップの前後をカットして長さを調節することができます。プレビューしながら気持ちのいいタイミングを探り、テンポのよい動画にしましょう。

1 カットしたいクリップをチョイス

カットしたいクリップの上にカーソルを持っていき、ハサミマーク✂をクリックします。

YouTube Perfect GuideBook 115

Part 4　動画のアップロードと加工

2 クリップにバーが表示される

クリックしたクリップの左右に縦線の入った2本のバーが表示されます。これは動画の始まりと終わりを表します。

バーが表示されます

3 バーをドラッグする

左側のバーを右方向にドラッグすると動画の開始時間が遅れ尺が短くなります。同様に右側のバーを左方向にドラッグすると動画の終了時間が早まります。一度縮めたバーを逆方向にドラッグすることで伸ばすこともできます。

ドラッグして動かします

4 プレビューを確認

バーをドラッグしたら右上のプレビュー画面で確認しましょう。赤い部分がカットされた領域になります。
決定したらバー以外の場所をクリックし、カットを確定させましょう。

カットされた領域

 カットしたクリップにはアイコンが表示される

カットしたクリップには左下に▼アイコンが表示され、長さが変更されていることがわかります。

116

▶ 切り替え効果を追加する

クリップとクリップの間にはクロスフェイドやスライドなどの切り替え効果を挿入することができます。スムーズな画面の切り替えができるので積極的に使ってみましょう。

1 切り替え効果メニューを表示する

画面左上のクリップメニューから「切り替え効果」のアイコンを選択し、メニューを表示します。

クリックします

2 効果をドラッグ＆ドロップ

切り替え効果を選択し、クリップとクリップの間にドラッグ＆ドロップします。

ドラッグ＆ドロップします

3 切り替え効果が設定された

タイムライン上で切り替え効果が設定されました。

切り替えが設定されました

4 プレビューで確認

右上のプレビュー画面を再生し、効果を確認しましょう。

切り替え効果を削除する

挿入した切り替え効果の上にカーソルを持っていくと右上に表示される✖をクリックすると、タイムラインから削除することができます。

Part 4　動画のアップロードと加工

5　詳細設定を行う

タイムライン上の切り替え効果をクリックすると、設定ウィンドウが開いて方向などの設定を変更することができます。なお、効果によって設定項目は異なります。

設定項目

エッジのシャープネス
切り替わる動画の境目の部分の処理を選びます。左側を選ぶと境目がくっきりと、右側を選ぶと溶け合うような処理が適用されます。

方向
左側は中心から左右に扉が開くような、右側は左右から扉が閉まるような効果です。

6　切り替え効果の長さを変更する

クリップと同様に、左右のバーで切り替え効果の持続時間を変更することができます。

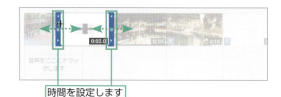

時間を設定します

7　設定終了

すべてのクリップ間に切り替え効果が設定されました。プレビューで確認し、うるさすぎるようなら削除してもいいでしょう。

▶ クリップをカスタマイズする

タイムラインに配置したクリップは、個別の動画と同じく、それぞれ編集することができます。

1　アイコンを選択

タイムラインに配置したクリップをクリックするとカスタマイズウィンドウが開きます。

2. カスタマイズウィンドウが開きます

1. クリックします

118

2 回転やフィルタを使って加工する

↻ ↺ アイコンをで動画を左右に90度回転させたり、フィルタを適用したりと、クリップ単位で加工ができます(加工については100ページ参照)。

3 テキストを挿入する

「テキスト」をクリックすると、クリップにテキストを挿入することができます。テキストのサイズと色を変更することもできます。

効果が適用されたクリップ

これらの効果を加えたクリップには、左下に青いアイコンが表示されます。

Part 4　動画のアップロードと加工

Zoom　テキスト挿入はクリップメニューからも可能

テキストの挿入は画面左上のクリップメニューから a を選び、切り替え効果のようにクリップにドラッグ＆ドロップしてテキストを挿入することも可能です。テキストの位置を「タイトルの中央表示」、「バナー」の2種類から選ぶことができます。

▶ 音声トラックを追加する

動画に音声トラックを追加してBGMを付けることができます。選択できる音声トラックはクリエイティブ・コモンズによって著作権をクリアされているので、自由に使うことができます。

1 「音声」を選択

画面左上のクリップメニューから♪を選択すると、画面上に利用できる音声トラックの一覧が表示されます。使いたい音声トラックが見つかったら右側にある⊞アイコンをクリック、または画面下部にドラッグ＆ドロップします。

2 配置された音声トラック

画面下部に音声トラックが配置されました。動画を再生して確認してみましょう。

120

3 音楽の長さを調節する

音声トラックの長さを調節しましょう。音声トラックをクリックし、青色のハンドルを表示させ左右に動かして長さを決めます。

4 音声のバランスを調整する

配置直後は音声トラックの音だけが再生されるようになっています。右のバーを左右に動かすことでバランスを調整することができます。

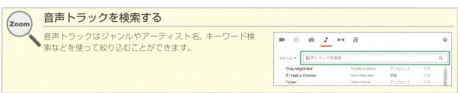

Zoom 音声トラックを検索する

音声トラックはジャンルやアーティスト名、キーワード検索などを使って絞り込むことができます。

▶ プロジェクトを公開する

動画エディタを使った編集が終わったら、名前をつけて公開しましょう。なお、新しい動画を公開しても素材として使用した動画はそのまま残ります。

1 名前をつけて公開

画面右上にあるプロジェクト名に任意の名前をつけて、「動画を作成」をクリックします。

2 動画処理が行われる

複数の動画を結合して1つにする処理が行われます。動画の数によっては長時間かかります。

YouTube Perfect GuideBook **121**

Part 4　動画のアップロードと加工

Step 4-10

動画に「カード」を挿入する

動画に別の動画やウェブサイトへのリンクなどを表示する「アノテーション」（105ページ参照）はモバイル版では利用できないという欠点がありますが、新たに用意された「カード」を使えばパソコンでもモバイルでも利用できます。

▶ 動画に表示できる「カード」とは

動画に表示されるⓘマーク（ティーザーと呼びます）をクリックするとカードが開きます。カードには様々な情報を表示させることができます。

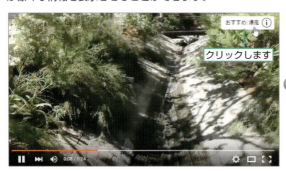

▶ 動画にカードを挿入する

カードの挿入はアノテーションと同様に動画の「編集」画面から行います。

1 カードを挿入する動画を選択

プロフィールアイコンをクリックし、「クリエイターツール」をクリックします。「動画の管理」＞「動画」をクリックし、カードを挿入したい動画の「編集」ボタンをタップします。

2 「カード」タブをクリック

画面上部のタブから「カード」タブをクリックします。

3 「カード」の種類を選択

「カードを追加」をクリックし、カードの種類を選択します。ここでは、YouTubeの動画または再生リストにリンクさせましょう。「動画または再生リスト」をクリックします。

チャンネル
YouTubeのチャンネルにリンクします

リンク
YouTube以外の外部ウェブサイトなどにリンクします

4 動画を選択

カードを使ってリンクしたい動画または再生リストを選択し、「カードを作成」をクリックします。

5 カードが追加された

動画にカードが追加されました。クリックして正しくリンクされているかを確認しましょう。

カードが表示されるタイミングを変更する

画面下部に表示されるタイムライン上でカードをドラッグすることで、表示されるタイミングを変更することができます。

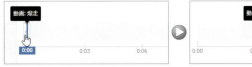

Part 4　動画のアップロードと加工

Step 4-11

動画に字幕を挿入する

動画には字幕（CC）を挿入することができます。字幕があると耳が不自由な人や、動画内の言語が母国語ではない人にも動画を楽しんでもらうことができます。

▶ 字幕を挿入する

動画に字幕を挿入しましょう。タイミングを指定することもできます。

1 字幕を挿入したい動画を選択

プロフィールアイコンをクリックし、「クリエイターツール」をクリックします。「動画の管理」＞「動画」をクリックし、カードを挿入したい動画の「編集」ボタンをクリックします。

2 「字幕」タブで字幕を追加する

画面上部のタブから「字幕」をクリックします。「新しい字幕を追加」ボタンをクリックし、「日本語」を選択します。

Zoom 言語を選択
字幕に利用する言語の設定が求められたら、日本語字幕を入れたい場合は「日本語」を選択し「言語を設定」をクリックします。

124

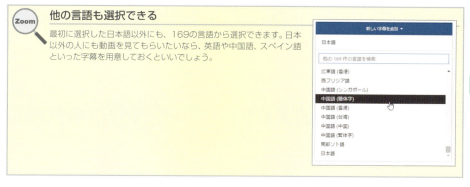

Zoom 他の言語も選択できる

最初に選択した日本語以外にも、169の言語から選択できます。日本語以外の人にも動画を見てもらいたいなら、英語や中国語、スペイン語といった字幕を用意しておくといいでしょう。

3 字幕作成の方法を選ぶ

字幕を作成する方法を3つの中から選択し、字幕を作成します。

ファイルをアップロードする
字幕用に用意したテキストファイルをアップロードします。

新しい字幕を作成する
字幕が表示されるタイミングを主導で指定しながら入力を行います。

文字起こしと自動同期
動画を再生しながら字幕を入力していきます。最後に「タイミングを設定」ボタンを押すと字幕の表示タイミングが自動的に設定されます。

4 字幕の完成

字幕の作成が終わったら保存して公開しましょう。

YouTube Perfect GuideBook **125**

Part 4 動画のアップロードと加工

Step 4-12
「ライブストリーミング」で生放送を配信する

YouTubeの新機能「ライブストリーミング」を使えば、パソコンを使って動画をリアルタイム配信することができます。

▶ ライブストリーミングの準備

ライブストリーミングを行う前に、アカウントの確認やエンコーダーソフトの用意といった準備が必要となります。

アカウントの認証を確認する

1 アカウントを確認する

ライブストリーミングを行うには、アカウントが「確認済み」かつ「良好な状態」である必要があります。クリエイターツールを開き、「チャンネル」をクリックして、アカウントの状態が「認証済み」であり（「有効にする」と表示されている場合は、次ページZoomを参照ください）、「コミュニティガイドライン」と「著作権」に「有効です」と表示されているのを確認しましょう。

2 ライブストリーミングを有効にする

「ライブストリーミング」欄の「有効にする」ボタンをクリックします。

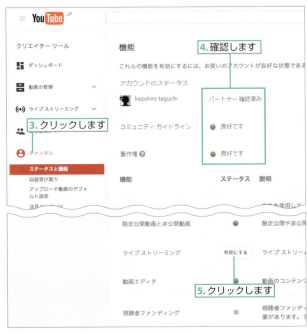

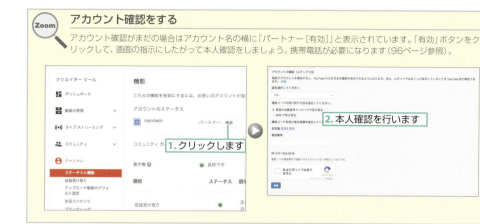

エンコーダーを用意する

ライブストリーミングを行うにはパソコンにエンコーダーソフトをインストールする必要があります。エンコーダーソフトとは、インターネットで動画を配信するために、画像や音声をリアルタイムに圧縮するソフトのことです。ここでは「Open Broadcaster Software」というソフトを使用します。

Open Broadcaster Software
https://obsproject.com/

YouTubeヘルプを見る
YouTubeヘルプ「エンコーダの設定」
https://support.google.com/youtube/answer/2907883

▶ ライブストリーミングの開始

「Open Broadcaster Software」を使ってYouTubeでライブストリーミングをしてみましょう。

1 クリエイターツールを開く

プロフィールアイコンをクリックし、「クリエイターツール」をクリックします。

YouTube Perfect GuideBook **127**

Part 4　動画のアップロードと加工

2 ライブダッシュボードを開く

左メニューから「ライブストリーミング」をクリックします。ライブダッシュボードと呼ばれるライブストリーミングに関する情報がまとまった画面が表示されます。

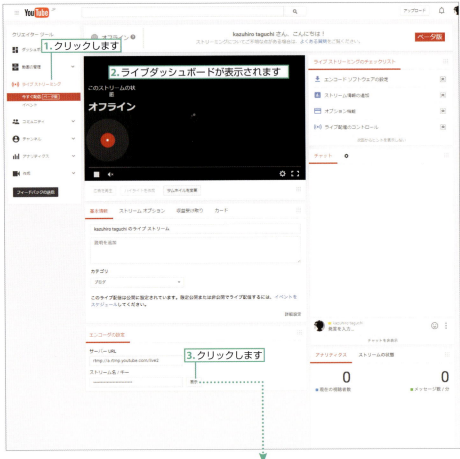

3 ストリーム名／キーを取得する

画面下部に表示される「エンコーダーの設定」画面にある「表示」ボタンをクリックすると「ストリーム名／キー」と呼ばれる文字列が表示されるので、それをクリップボードにコピーします。

4 エンコーダーの設定を行う

「Open Broadcaster Software」の設定画面を開き、前手順でコピーした文字列を「プレイパス/ストリームキー」にペーストします（画面はエンコーダーソフトによって異なります）。

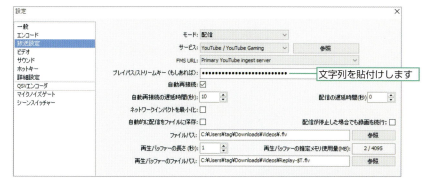

5 ライブのタイトルを決める

ライブダッシュボードに戻り、「基本情報」欄にライブストリーミングのタイトル、説明、ジャンルなどを入力します。

6 配信を開始する

「Open Broadcaster Software」の「配信開始」ボタンをクリックします。

YouTube Perfect GuideBook **129**

Part 4　動画のアップロードと加工

7 ダッシュボードで確認する

ライブダッシュボードでライブの配信が始まっているかを確認します。ネットワーク環境にもよりますが、通常は数秒の遅れがあります。

8 動画再生ページを確認する

ライブダッシュボードの右下に動画再生ページのアドレスが表示されています。ブラウザで開いて確認してみましょう。

ブラウザで確認します

9 配信を停止する

「Open Broadcaster Software」の「配信停止」ボタンをクリックするとライブストリーミングも自動的に停止します。ストリーミングの内容は自動的に保存され動画として公開されます。

クリックして停止します

チャット
ライブストリーミング中に視聴者とテキストチャットを利用することができます。非表示にすることも可能です。

イベントを作成

ライブストリーミングは、あらかじめタイトルや放送時間を決めた「イベント」として登録することができます。チャンネルやSNSなどであらかじめ告知することによって、多くの視聴者を集めることができます。

ライブストリーミング>イベントでイベント作成ができます

130

Step 4-13

アップロードのデフォルト設定

同じような動画をアップロードする際に、毎回タイトルやタグなどを入力するのは面倒なものです。そんな時はアップロードのデフォルト設定を利用してみましょう。

▶ アップロードのデフォルト設定を行う

アップロードのデフォルト設定画面では、新規アップロードする動画のタイトルやカテゴリ、タグなどの情報をあらかじめ入力しておくことができます。

1 「クリエイターツール」を開く

YouTubeにログインした状態で画面右上のプロフィールアイコンをクリックし、「クリエイターツール」をクリックします。

2 デフォルト設定を開く

左側のメニューの「チャンネル」>「アップロード動画のデフォルト設定」をクリックします。

3 デフォルト設定を行う

「アップロードのデフォルト設定」画面でデフォルトの情報を入力して「保存」ボタンをクリックします。

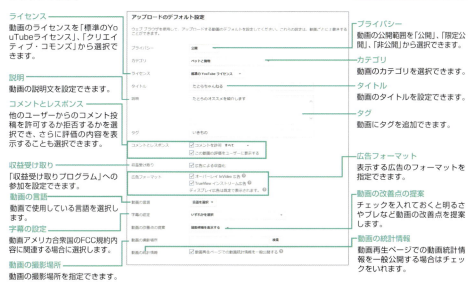

ライセンス
動画のライセンスを「標準のYouTubeライセンス」、「クリエイティブ・コモンズ」から選択できます。

プライバシー
動画の公開範囲を「公開」、「限定公開」、「非公開」から選択できます。

説明
動画の説明文を設定できます。

カテゴリ
動画のカテゴリを選択できます。

コメントとレスポンス
他のユーザーからのコメント投稿を許可するか拒否するかを選択でき、さらに評価の内容を表示することも選択できます。

タイトル
動画のタイトルを設定できます。

タグ
動画にタグを追加できます。

収益受け取り
「収益受け取りプログラム」への参加を設定できます。

広告フォーマット
表示する広告のフォーマットを指定できます。

動画の言語
動画で使用している言語を選択します。

動画の改善点の提案
チェックを入れておくと明るさやブレなど動画の改善点を提案します。

字幕の設定
動画アメリカ合衆国のFCC規約内容に関連する場合に選択します。

動画の統計情報
動画再生ページでの動画統計情報を一般公開する場合はチェックをいれます。

動画の撮影場所
動画の撮影場所を指定できます。

4 動画を投稿して確認する

新規動画のアップロードをします。あらかじめ「タイトル」、「説明」、「タグ」が入力されていることを確認します。

5 「収益受け取り」設定の確認

前ページで「収益受け取り」プログラムへの参加に設定したならば、「収益受け取り」タグをクリックしてみましょう。「広告で収益化する」にチェックが入っているのがわかります。また、指定した広告フォーマットでの広告表示になっているかを確認します。

6 動画の投稿の手間が省略された

デフォルト設定を使うと、投稿の度に設定する必要がないので、投稿の手間が省けました。

 クリエイティブ・コモンズの制限
ライセンスで「クリエイティブ・コモンズ」を選択すると、収益プログラムに参加することができなくなります。

 動画のタイトルを工夫する
「アップロードのデフォルト設定」で動画のタイトルを設定すると、すべての動画が同じタイトルになってしまいます。タイトルに番号を付け加える(例:「指定したタイトル」その1)、タイトルの前後に日付を入れる(例:「指定したタイトル」2016/4/1)などの工夫をするといいでしょう。

YouTube Perfect GuideBook

Part 5

広告の表示とアナリティクス

YouTube にアップロードした動画に広告を表示することによって Google から収益を受け取ることができます。ここでは広告表示・収益化の方法と、その結果を分析できるアナリティクスの見方を紹介します。

Part 5　広告の表示とアナリティクス

Step 5-1

動画の広告収益のしくみ

アップロードした動画内に広告を表示すると、広告の表示回数によって広告収益を得ることができます。ただし、広告は動画を鑑賞したい人にとっては少なからず邪魔に思われるものです。広告を表示させるかどうかは、よく考えて決めましょう。

▶ 広告のクリック回数によって広告収入が発生する

YouTube動画を見ていると、動画の最初などに広告が表示されることがあります。この広告は動画をアップした人が表示させています。そして、閲覧者が広告を見てクリックすると、その表示回数やクリック数に応じて、動画の持ち主に広告収入が支払われています。

「Google AdSense」という広告を表示させている

YouTube動画に表示されている広告は「Google AdSense」というGoogleの広告です。YouTuberが自分の動画に「Google AdSense」の広告を表示させ、この広告を視聴者がクリックすると、「Google AdSense」は、1クリック〇〇円というようなかたちで動画の作成者に報酬を支払います。

「Google AdSense」はGoogleが提供するサイト運営者向けの広告配信サービスです。YouTube以外にも、あらゆるWebページに表示されているインターネット広告です。

収益を受け取ることができるコンテンツ

収益を受け取れるのはすべてを自分で作成した動画に限ります。自分で作成していないコンテンツや、作成者から使用許可を受けていないコンテンツを含む動画は対象になりません。

動画の収益を受け取る流れ

YouTubeは初期状態では動画内に広告は表示されないので、まずは動画に広告を表示させる設定に変更します。するとアップロードした動画に広告が表示され、広告のクリック率に応じて収益が発生します。この発生した収益を受け取るには、「Google Adsenseアカウント」と関連付けが必要です。支払いは、広告配信サービスの「Google Adsenseアカウント」からになるからです。これで、収益を受け取れるようになります。

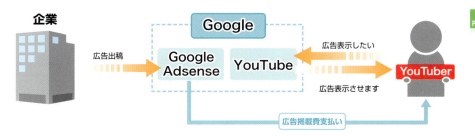

Google AdSenseアカウントに関連づけしないと受け取れない
Google AdSenseアカウントを取得しなくても動画に広告は表示できますが、収益を受け取ることはできません。それでは広告を表示する意味がないので、Google AdSenseアカウントへの関連付けも忘れずに行いましょう。

▶ 表示させられる広告の種類

動画の収益受け取りを有効にすると、広告が表示されます。表示される広告にはいくつかの種類があり、表示させる種類を選ぶことができます（137、142ページ参照）。

広告の種類		表示される環境
ディスプレイ広告 注目動画の右側と、おすすめの動画一覧の上に表示されます。プレーヤーが大きい場合は、プレーヤーの下に表示される場合もあります。		PC
オーバーレイ広告（旧: InVideo 広告） 動画の再生画面の下部20%に表示されます。		PC
スキップ可能な動画広告（旧: TrueView インストリーム広告） 広告が5秒間再生された後、広告をスキップするか残りの部分を見るかを視聴者が選択できます。動画本編の前後または途中に挿入します。		PC ／携帯／ ゲーム機
スキップ不可の動画広告、長いスキップ不可の動画広告 **（旧: スキップ不可のインストリーム広告）** スキップ不可の動画広告は、最後まで見ないと動画を視聴することができません。 長いスキップ不可の動画広告は最長およそ30秒です。 動画本編の前後または途中に表示できます。		PC ／携帯

Part 5 広告の表示とアナリティクス

Step 5-2
広告収益を受け取るための設定

広告を表示させるためにはまず「収益受け取り」を有効にします。表示させた広告から発生した収益は、「Google Adsense」から支払われるので、「Google Adsenseアカウント」と関連付ける必要があります。

▶ 収益受け取りを有効にする

初期状態では動画に広告は表示されません。広告表示を有効にします。

1 「チャンネル」を開く

YouTubeにログインした状態で画面右上のプロフィールアイコンをクリックし、「クリエイターツール」を開きます。左メニューから「チャンネル」をクリックします。

2 「収益受け取り」を有効にする

「ステータスと機能」をクリックすると画面に右側に表示されるメニュー中の「収益受け取り」の「有効にする」をクリックします。

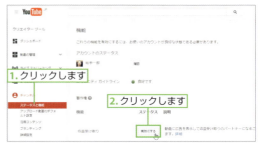

3 「アカウントを有効にする」をクリック

「収益受け取りプログラム」の設定画面で「アカウントを有効にする」をクリックします。収益受け取りプログラムについての詳細な説明を読むことができます。

136

4 規約に同意する

収益受け取りプログラムの規約が表示されます。よく読んだ上で内容に同意したら、3つのチェックボックスをチェックして「同意する」ボタンをクリックします。

5 広告のフォーマットを選ぶ

表示される広告のフォーマットを選択します。通常は上2つにチェックを入れておけばよいでしょう。選択したら「収益化」ボタンをクリックします。

Zoom 広告の種類

動画に挿入される広告の種類は135ページの表を参考にして選びましょう。動画の再生中に下部に表示されるInVideo広告や動画が再生される前に全画面で表示されるTrueViewインストリーム広告がよく使用されています。

オーバーレイ広告

スキップ可能な動画広告

---

6 「OK」ボタンをクリック

これでアカウントが有効になりました。説明を読んで「OK」ボタンをクリックします。

7 動画の収益化が終了

動画の管理画面に戻ります。収益化対象となる動画には$アイコンが表示されています。

Part 5　広告の表示とアナリティクス

▶ AdSenseアカウントに関連付ける

収益受け取りプログラムで得た収益を受け取るには、Googleの広告プログラムGoogle AdSenseのアカウントに登録し、YouTubeと関連付けする必要があります。

1 「クリエイターツール」を開く

YouTubeにログインした状態で画面右上のプロフィールアイコンをクリック>「クリエイターツール」をクリックします。

2 「収益受け取り」をクリック

左メニューの「チャンネル」をクリックし、「収益受け取り」をクリックします。

3 「支払いを受けるには」をクリック

画面下部にある「支払いを受けるには」をクリックします。

4 「AdSenseアカウントを関連付ける」をクリック

表示されるテキスト内の「AdSenseアカウントを関連付ける」リンクをクリックします。

138

5 AdSenseアカウントを作成する

「次へ」をクリックします。

6 AdSenseアカウントの作成

AdSenseアカウントの作成画面が表示されます。既存のアカウントでログインするか、新規に作成するかを選択します。
既にGoogleアカウントを持っている場合は「ログイン」ボタンをクリックします。Googleアカウントを持っていない場合は「いいえ（アカウントを作成）」ボタンをクリックして新規アカウントを作成します。

7 申し込みする

画面の案内に従って、アカウントの種類（個人、法人）と国、氏名、住所、電話番号などを入力していきます。最後にAdSenseのプログラムポリシーを読んだうえでチェックを入れて、「お申し込みを送信」ボタンをクリックします。

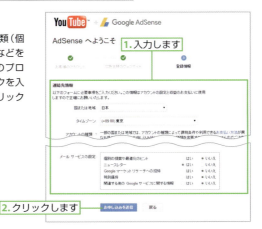

Part 5 広告の表示とアナリティクス

8 受付完了

Google AdSenseの受付が完了しました。「YouTubeとの契約の確認」をクリックすると、規約ページに移動するので、目をとおしておきましょう。

クリックします

9 規約を確認する

Google AdSenseの規約が表示されます。詳しい利用規約が記されているので、確認しておきましょう。

10 審査終了

数日後メールで審査結果が届きます。メールで通知が来たら関連付けが完了しているか確認しましょう。追加情報を求められることもありますので、指示に従い資料を提出しましょう。

アナリティクスで収益を確認できるようになる

収益受取りプログラムを有効にすると、どれくらい利益が上がっているかの大まかな数値を「アナリティクス」画面（146ページ）で確認できるようになります。

YouTubeパートナーではないのに動画の横に広告が表示される

収益受け取りを有効にしていなくても、権利を自分で所有していないコンテンツが動画に含まれている場合などに、アップロードした動画の横に広告が表示されることがあります。広告が自分の動画に適さないと思われる場合は、クリエイターツール＞チャンネル＞詳細設定で、「自分の動画の横での広告の表示を許可する」のチェックを外します。82ページのマイチャンネルの詳細設定も参照してください。

140

Step 5-3

動画ごとに広告の設定をする

収益受け取りプログラムに登録すると、該当するすべての動画に広告が表示されるようになりますが、動画ごとに非表示に設定することも可能です。また、動画ごとに表示する広告の種類を選択できます。

▶ 広告を非表示にする

収益受け取りプログラムに登録すると、該当するすべての動画に広告が表示されるようになりますが、動画ごとに細かく設定することも可能です。広告を表示させたくない動画には個別に非表示の設定をしましょう。

1 「クリエイターツール」を開く

YouTubeにログインした状態で画面右上のプロフィールアイコンをクリックすると表示されるメニューから「クリエイターツール」をクリックします。

2 「動画の管理」を選ぶ

左側メニューから「動画の管理」を選びます。

3 動画一覧が表示される

収益化対象となっている動画の右側に $ アイコンが表示されているのを確認します。

4 $ アイコンをクリック

個別に設定したい動画の収益化対象アイコン $ をクリックします。

5 収益受け取り設定画面が表示される

収益受け取り設定画面が表示されます。広告を表示したくない動画は「広告で収益化」のチェックを外し、「変更を保存」ボタンをクリックします。

Part 5　広告の表示とアナリティクス

▶ 表示する広告の種類を選択する

動画ごとに表示する広告の種類を選択できます。

1 収益受け取り設定画面を表示する

141ページの手順で種類を選択したい動画の収益受け取り設定画面を表示します。

2 表示する広告の種類を選択する

画面下部の「広告フォーマット」から表示したい広告の種類をチェックマークで選びます。

Zoom　ディスプレイ広告は非表示にできない

非表示にできるのは、オーバーレイ広告とスキップ可能な動画広告だけです。ディスプレイ広告は非表示にすることができません。

複数の動画を同時設定する

1 複数の動画を設定する

動画の左側にあるチェックボックスにチェックを入れ、「操作」メニューから「収益化」を選びます。

2 収益化設定画面

収益化設定画面が表示されるので、利用したい広告を選んで「収益化」ボタンをクリックします。広告を表示したくない場合は、すべてのチェックを外します。

Step 5-4

アナリティクスを使って再生の状況を見る

YouTubeの管理画面にあるアナリティクスには、再生回数を始めとする自分がアップロードした動画に関する様々な情報が表示されています。収益化プログラムを利用している場合はどんな動画が人気なのかを知ることによって、収益アップの参考にもなります。

▶ アナリティクスにアクセスする

まずはアナリティクスの画面にアクセスしましょう。

1 「クリエイターツール」を開く

YouTubeにログインした状態で画面右上のプロフィールアイコンをクリックし、「クリエイターツール」をクリックします。

2 「アナリティクス」をクリック

画面左下メニューに表示される「アナリティクス」をクリックします。

3 「アナリティクス」が表示された

アナリティクスの画面が表示されました。

Part 5　広告の表示とアナリティクス

概要を把握する

アナリティクス画面を開くと概要画面が表示されます。ここには総再生時間や人気動画ランキングなど代表的なデータが要約されているので、まずはここで大まかな数字をチェックしましょう。

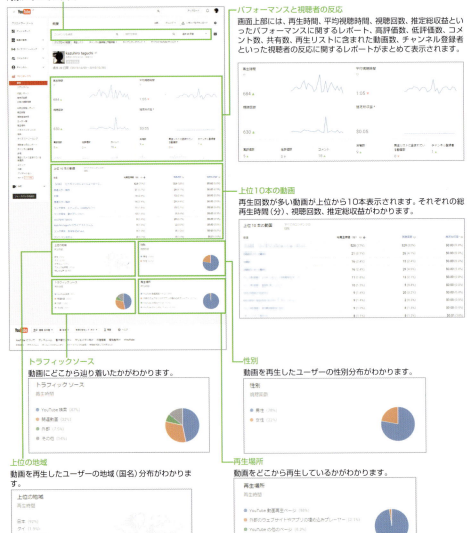

データフィルター
145ページ参照。初期状態では「過去28日間」のすべての動画が対象になっています。

パフォーマンスと視聴者の反応
画面上部には、再生時間、平均視聴時間、視聴回数、推定総収益といったパフォーマンスに関するレポート、高評価数、低評価数、コメント数、共有数、再生リストに含まれた動画数、チャンネル登録者数といった視聴者の反応に関するレポートがまとめて表示されます。

上位10本の動画
再生回数が多い動画が上位から10本表示されます。それぞれの総再生時間（分）、視聴回数、推定総収益がわかります。

トラフィックソース
動画にどこから辿り着いたかがわかります。

性別
動画を再生したユーザーの性別分布がわかります。

上位の地域
動画を再生したユーザーの地域（国名）分布がわかります。

再生場所
動画をどこから再生しているかがわかります。

データフィルターを利用する

アナリティクスで表示するレポートの上部には、レポートの対象となる動画や地域、期間などを指定するデータフィルターが表示されています。また、表示される数値は折れ線グラフや円グラフなど表示を変更できます。

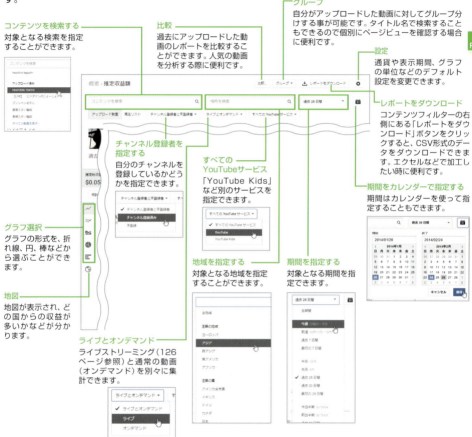

コンテンツを検索する
対象となる検索を指定することができます。

比較
過去にアップロードした動画のレポートを比較することができます。人気の動画を分析する際に便利です。

グループ
自分がアップロードした動画に対してグループ分けする事が可能です。タイトル名で検索することもできるので個別にページビューを確認する場合に便利です。

設定
通貨や表示期間、グラフの単位などのデフォルト設定を変更できます。

レポートをダウンロード
コンテンツフィルターの右側にある「レポートをダウンロード」ボタンをクリックすると、CSV形式のデータをダウンロードできます。エクセルなどで加工したい時に便利です。

チャンネル登録者を指定する
自分のチャンネルを登録しているかどうかを指定できます。

すべてのYouTubeサービス
「YouTube Kids」など別のサービスを指定できます。

期間をカレンダーで指定する
期間はカレンダーを使って指定することもできます。

グラフ選択
グラフの形式を、折れ線、円、棒などから選ぶことができます。

地図
地図が表示され、どの国からの収益が多いかなどが分かります。

ライブとオンデマンド
ライブストリーミング (126ページ参照) と通常の動画 (オンデマンド) を別々に集計できます。

地域を指定する
対象となる地域を指定することができます。

期間を指定する
対象となる期間を指定できます。

「リアルタイム」の詳細を見る

画面左側のメニューから「リアルタイム」をクリックすると、それぞれの動画の「過去48時間」、「過去60分」の視聴回数を棒グラフで見ることができます。10秒ごとに自動更新されるので、リアルタイムの勢いを見ることができます。

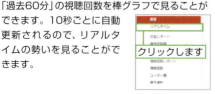
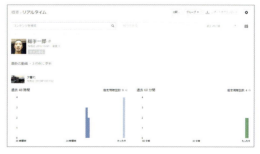

Part 5　広告の表示とアナリティクス

収益レポートを見る

収益レポートでは、再生回数から推定される収益や、広告の閲覧状況などを見ることができます。

「収益」の詳細を見る

「収益受け取りプログラム」に加入している場合、アナリティクス画面の左メニューから「収益」をクリックすると、広告表示回数から推定される収益のレポートが表示されます。

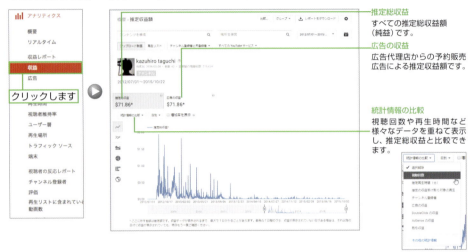

推定総収益
すべての推定総収益額（純益）です。

広告の収益
広告代理店からの予約販売広告による推定収益額です。

統計情報の比較
視聴回数や再生時間など様々なデータを重ねて表示し、推定総収益と比較できます。

「広告」の詳細を見る

画面左側のメニューから「広告」をクリックしすると表示される広告の掲載結果レポートでは、対それぞれの広告フォーマットについて、「地域」、「広告タイプ」、「日付」ごとに、「合計収入」や「CPM」などが表示されます。

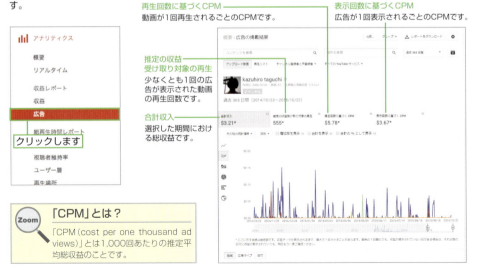

再生回数に基づくCPM
動画が1回再生されるごとのCPMです。

表示回数に基づくCPM
広告が1回表示されるごとのCPMです。

推定の収益
受け取り対象の再生
少なくとも1回の広告が表示された動画の再生回数です。

合計収入
選択した期間における総収益です。

Zoom 「CPM」とは？
「CPM (cost per one thousand ad views)」とは1,000回あたりの推定平均総収益のことです。

146

▶ 総再生時間レポートを見る

総再生時間レポートでは、動画ごとの視聴回数やユーザーの属性、視聴環境などを詳しく見ることができます。

「再生時間」の詳細を見る

画面左側のメニューから「再生時間」をクリックすると表示される「再生時間」レポートでは、アップロードした動画の総再生時間が折れ線グラフで表示されます。

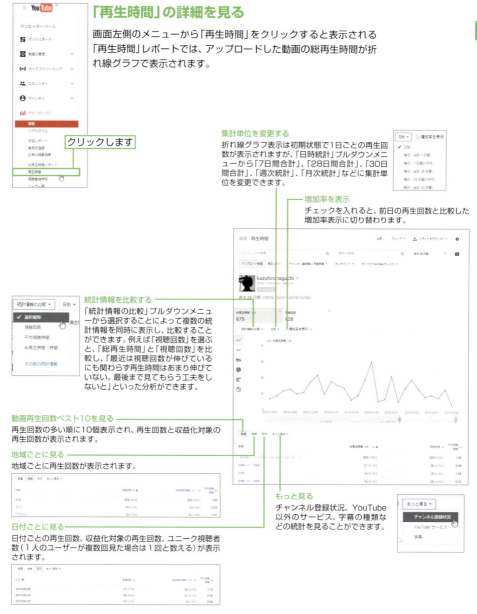

集計単位を変更する
折れ線グラフ表示は初期状態で1日ごとの再生回数が表示されますが、「日時統計」プルダウンメニューから「7日間合計」、「28日間合計」、「30日間合計」、「週次統計」、「月次統計」などに集計単位を変更できます。

増加率を表示
チェックを入れると、前日の再生回数と比較した増加率表示に切り替わります。

統計情報を比較する
「統計情報の比較」プルダウンメニューから選択することによって複数の統計情報を同時に表示し、比較することができます。例えば「視聴回数」を選ぶと、「総再生時間」と「視聴回数」を比較し、「最近は視聴回数が伸びているにも関わらず再生時間はあまり伸びていない。最後まで見てもらう工夫をしないと」といった分析ができます。

動画再生回数ベスト10を見る
再生回数の多い順に10個表示され、再生回数と収益化対象の再生回数が表示されます。

地域ごとに見る
地域ごとに再生回数が表示されます。

もっと見る
チャンネル登録状況、YouTube以外のサービス、字幕の種類などの統計を見ることができます。

日付ごとに見る
日付ごとの再生回数、収益化対象の再生回数、ユニーク視聴者数(1人のユーザーが複数回見た場合は1回と数える)が表示されます。

「視聴者維持率」の詳細を見る

画面左側のメニューから「視聴者維持率」をクリックすると、動画ごとに「再生開始から何秒後に見るのをやめたか」を見ることができます。視聴者の興味を引き付けるヒントが見つかるかもしれません。

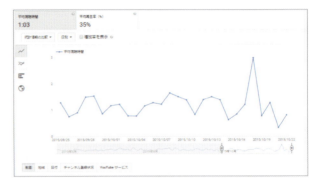

「ユーザー層」の詳細を見る

画面左側のメニューから「ユーザー層」をクリックすると、「ユーザー層」レポートが表示されます。動画を視聴したユーザーの性別、年齢の分布を見ることができます。

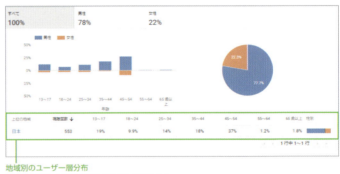

地域別のユーザー層分布
地域別の性別、年齢の分布を見ることができます。

「再生場所」の詳細を見る

画面左側のメニューから「再生場所」をクリックすると、「再生場所」レポートが表示され、動画が再生された場所を確認できます。集計される再生場所は「YouTube動画再生ページ」、「外部のウェブサイトやアプリの埋め込みプレーヤー」、「YouTubeチャンネル ページ」、「YouTubeの他のページ」の4種類です。

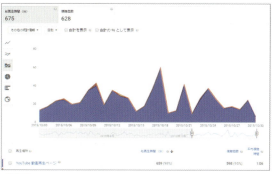

「トラフィックソース」の詳細を見る

画面左側のメニューから「トラフィックソース」をクリックすると、「トラフィックソース」レポートが表示されます。視聴者が動画をどこから見つけたかを、YouTubeでの検索、Google検索、関連動画のサムネイルのクリック、SNSなど外部サイトのリンクなどから知ることができます。

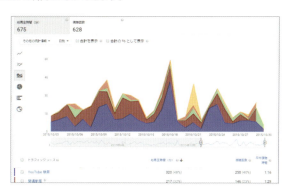

「端末」の詳細を見る

画面左側のメニューから「端末」をクリックすると、「端末」レポートが表示されます。パソコン、携帯電話、タブレット、ゲーム機、テレビなど視聴者が動画を見た端末の種類がわかります。

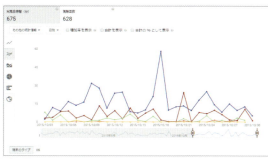

「ライブストリーミング」の詳細を見る

過去に行ったライブストリーミングの総再生時間、視聴回数、視聴者数などを見ることができます。

Part 5　広告の表示とアナリティクス

▶ 視聴者の反応レポートを見る

視聴者の反応レポートでは、動画を評価したり、再生リストに追加したりしたユーザーの数を調べることができます。

「チャンネル登録者」の詳細を見る

画面左側のメニューから「チャンネル登録者」をクリックすると、あなたのチャンネルを登録したユーザーの数を見ることができます。データフィルターを使って動画ごとの登録数を見ることも可能です。

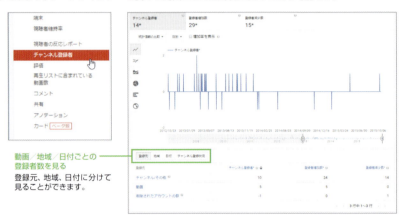

動画／地域／日付ごとの登録者数を見る
登録元、地域、日付に分けて見ることができます。

「評価」の詳細を見る

画面左側のメニューから「評価」をクリックすると、動画に評価を付けたユーザーの数を表示します。高評価、低評価、いずれも見ることができます。

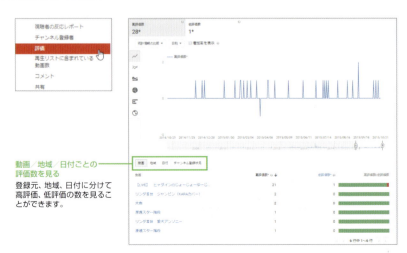

動画／地域／日付ごとの評価数を見る
登録元、地域、日付に分けて高評価、低評価の数を見ることができます。

「再生リストに含まれている動画数」の詳細を見る

画面左側のメニューから「再生リストに含まれている動画数」をクリックすると、動画をお気に入りや再生リストに再生リストに追加、または削除したユーザーの数を見ることができます。

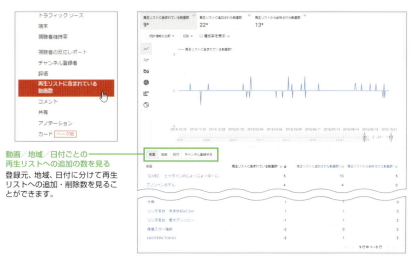

動画／地域／日付ごとの
再生リストへの追加の数を見る
登録元、地域、日付に分けて再生リストへの追加・削除数を見ることができます。

「コメント」の詳細を見る

画面左側のメニューから「コメント」をクリックすると、「コメント」レポートが表示されます。動画についたコメントの数を見ることができます。

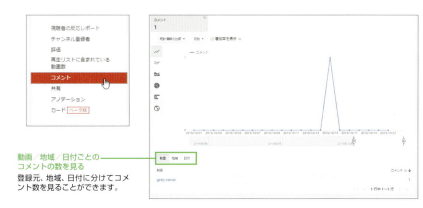

動画／地域／日付ごとの
コメントの数を見る
登録元、地域、日付に分けてコメント数を見ることができます。

「共有」の詳細を見る

画面左側のメニューから「共有」をクリックすると、「共有」レポートが表示されます。動画がFacebookやTwitter、Google+、その他ブログなどに共有された回数が表示されます。

Part 5　広告の表示とアナリティクス

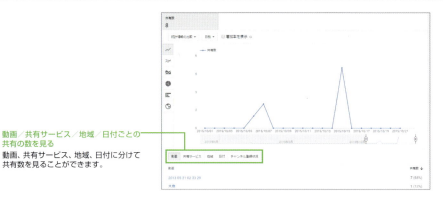

動画／共有サービス／地域／日付ごとの
共有の数を見る
動画、共有サービス、地域、日付に分けて
共有数を見ることができます。

「アノテーション」の詳細を見る

画面左側のメニューから「アノテーション」をクリックすると、「アノテーション」レポートが表示されます。動画にアノテーションを設定してある時に、アノテーションに含まれるリンクをクリックした回数（クリックスルー率）と、アノテーションを非表示にした回数（閉じた割合）が表示されます。

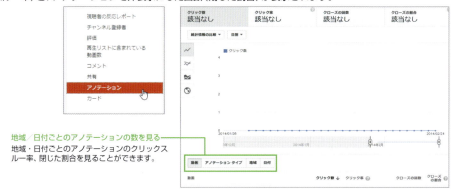

地域／日付ごとのアノテーションの数を見る
地域・日付ごとのアノテーションのクリックスルー率、閉じた割合を見ることができます。

「カード」の詳細を見る

画面左側のメニューから「カード」をクリックすると、「カード」レポートが表示されます。カードのティーザー（カードが出る前に表示されるテキスト）とカードのクリック回数、クリック率を確認できます。

Step 5-5

ダッシュボードを見る

ダッシュボードはひと目でチャンネルの概要を把握できる、「ビジュアルに特化した管理画面」という認識で使うと良いでしょう。

▶ ダッシュボードを表示する

ダッシュボードはクリエイターツールを開くと表示されます。情報が見やすいようにカスタマイズして使いましょう。

1 「クリエイターツール」を開く

YouTubeにログインした状態で画面右上のプロフィールアイコンをクリックし、「クリエイターツール」をクリックします。

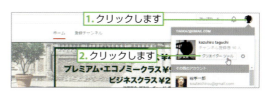

2 「ダッシュボード」をクリックする

「ダッシュボード」をクリックすると、タイル状のインターフェイス画面が表示されます。

3 ダッシュボードが表示される

左側のメニューは、それぞれをクリックすると詳細なメニューがプルダウンで表示されるようになっています。「動画の管理」、「コミュニティ」、「チャンネル設定」、「アナリティクス」、「作成」と、YouTubeのほとんどの機能を管理・操作できる状態です。

YouTube Perfect GuideBook **153**

Part 5　広告の表示とアナリティクス

▶ ウィジェットはドラッグ＆ドロップで自在にアレンジ可能

ダッシュボードはウィジェットと呼ばれる四角いブロックの組み合わせでできています。ウィジェットの右上にある ⋮⋮ にカーソルを合わせてクリックするとハング（掴む）状態になり好きな場所に移動できます。自分好みのダッシュボードを作りましょう。

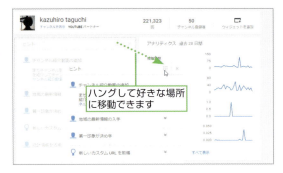

ハングして好きな場所に移動できます

▶ ウィジェットを削除／追加する

右上に ✕ が表示されているウィジェットは、✕ をクリックすることで、そのウィジェットを非表示にできます。また、画面右上にある「ウィジェットを追加」をクリックすると、好みのウイジェットを追加できます。

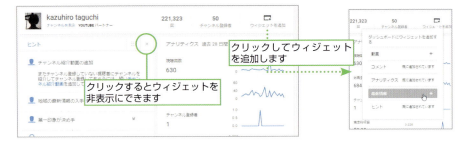

クリックするとウィジェットを非表示にできます

クリックしてウィジェットを追加します

▶ 表示数などをカスタマイズ

右上に ⚙ が表示されているウィジェットをクリックすると、そのウィジェットの名前やアイテム数などを変更することができます。また「削除」をクリックすると非表示にできます。

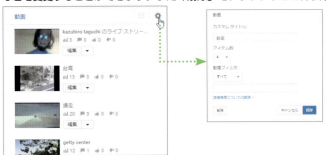

154

YouTube Perfect GuideBook

Part 6

スマートフォンから YouTubeを楽しむ

ここ数年で通信環境とスマートフォンの性能が向上したため、現在はスマートフォンでもパソコンとほぼ同様の感覚でYouTubeを利用することができます。また、動画の閲覧だけではなく、内蔵カメラを使った動画の撮影・アップロードもパソコンより簡単に行なえます。

Part 6　スマートフォンからYouTubeを楽しむ

Step 6-1

iPhoneのYouTubeアプリを使う

iPhoneにはYouTubeの専用アプリが用意されています。アプリをダウンロードして使ってみましょう。YouTubeアカウントでサインインするとPCと同じようにチャンネルなどを使用することができます。

▶ iPhoneアプリでYouTubeを見る

iPhone版YouTubeアプリはApp Storeからダウンロードする必要があります。

1 App Storeで検索

App StoreでYouTubeアプリをインストールします。

2 YouTubeにログイン

YouTubeを起動します。初回起動時はログイン画面が表示されます。「googleにログイン」をタップします。

Zoom	ログインせずに利用したい場合
	ログインせずに利用したい場合は「ゲストとして続行」をタップします。その場合は動画の閲覧以外の機能が大幅に制限されます。

3 Googleアカウントを入力

Googleアカウントとして登録したメールアドレスとパスワードを入力し「ログイン」をタップします。

タップします

1. クリックします
2. タップします

Zoom	すでにGoogleアカウントを登録してある場合
	「Chrome」や「Googleマップ」など、他のGoogle製のアプリをログインして利用している場合、そのアカウント名が表示される場合があります。「○○○として続行」をタップすることで、ログイン手続きを省いて利用できます。また、「別のアカウントを選択」をタップして別のアカウントを登録することもできます。

156

4 通知のオン／オフを選択

お気に入り登録したチャンネルの新作動画を通知してほしい時は「オンにする」、いらない時は「オフにする」をタップします。この設定は後から変更できます。

5 インストール終了

これでiPhoneアプリのインストールは終了です。ブラウザ版のYouTubeとほぼ同様の操作で利用できます。

どちらか選択します

設定画面を開く

画面右上の：をタップすると画面下部にメニューが表示されます。「設定」をタップすると設定画面が表示され、ここから様々な設定を行うことができます。

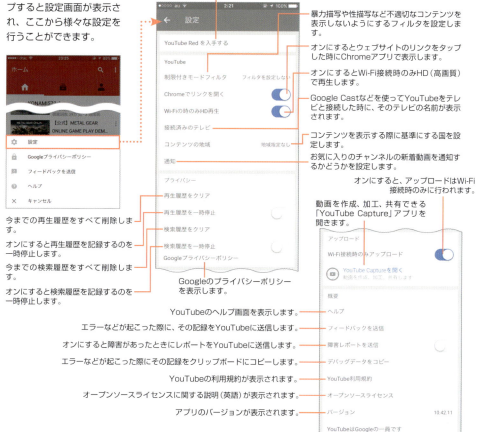

- YouTubeの有料サービス「YouTube Red」を入手します（2015年11月現在、日本ではサービスが提供されていません）。
- 暴力描写や性描写など不適切なコンテンツを表示しないようにするフィルタを設定します。
- オンにするとウェブサイトのリンクをタップした時にChromeアプリで表示します。
- オンにするとWi-Fi接続時のみHD（高画質）で再生します。
- Google CastなどをつかってYouTubeをテレビと接続した時に、そのテレビの名前が表示されます。
- コンテンツを表示する際に基準にする国を設定します。
- お気に入りのチャンネルの新着動画を通知するかどうかを設定します。
- 今までの再生履歴をすべて削除します。
- オンにすると再生履歴を記録するのを一時停止します。
- 今までの検索履歴をすべて削除します。
- オンにすると検索履歴を記録するのを一時停止します。
- Googleのプライバシーポリシーを表示します。
- オンにすると、アップロードはWi-Fi接続時のみに行われます。
- 動画を作成、加工、共有できる「YouTube Capture」アプリを開きます。
- YouTubeのヘルプ画面を表示します。
- エラーなどが起こった際に、その記録をYouTubeに送信します。
- オンにすると障害があったときにレポートをYouTubeに送信します。
- エラーなどが起こった際にその記録をクリップボードにコピーします。
- YouTubeの利用規約が表示されます。
- オープンソースライセンスに関する説明（英語）が表示されます。
- アプリのバージョンが表示されます。

Part 6　スマートフォンからYouTubeを楽しむ

iPad版アプリのメニュー構成

iPad用のYouTubeアプリは他のモバイルアプリと異なり画面左側に各種メニューが表示されます。登録チャンネルや再生リストを見る時は左側メニューから選ぶことになります。

▶ 見たい動画を探して再生する

右上のアイコン🔍をタップすると、動画をキーワードで検索することができます。見たい動画をタップするとそのまま動画を再生することができます。

1 🔍マークをクリック

動画の右上のアイコン🔍をクリックすると検索窓が表示されます。動画のジャンル等を入力して検索します

2 検索結果が表示される

検索結果が表示されました。好きな動画をタップします。

3 動画のページが開く

動画と情報が表示された個別ページが表示されます。動画部分をタップすると再生が開始されます。右下の▦をタップします。

4 全画面で再生される

動画が全画面に広がって再生されます。

158

動画を共有する

1 をタップ
動画の右下の共有ボタン をクリックすると共有メニューが表示されます。

2 「Facebook」をタップ
対応するSNSなどが表示されるので、共有先を選択します。ここでは、「Facebook」をタップします。

3 Facebookに投稿
テキストを入力して「投稿する」ボタンをタップします。

4 Facebookで確認
Facebookに投稿できました。Facebookを起動して確認してみましょう。

評価や再生リストへの追加を行う

パソコンと同様にモバイルからも動画の評価、再生リストへの追加ができます。

をタップすると動画の評価ができます。

をタップすると再生リストや「後で見る」への追加ができます。

をタップするとSNSなどへの共有が行えます（上記参照）

チャンネルに登録できます

YouTube Perfect GuideBook

Part 6　スマートフォンからYouTubeを楽しむ

Step 6-2

AndroidのYouTubeアプリを使う

Android携帯にはYouTubeの専用アプリが標準でインストールされています。Android版YouTubeアプリもiPhone版とほぼ同様の画面構成になっています。YouTubeアカウントでサインインするとPCと同じようにチャンネルなどを使用することができます。

▶ AndroidアプリでYouTubeを見る

Android携帯ではYouTubeは標準アプリです。Android携帯を使っていると、Googleアカウントはすでに設定されているはずですが、YouTubeで使っているGoogleアカウントと別の場合はユーザータブからアカウントを変更できます（162ページZoom参照）。

1　YouTubeアプリを起動
Androidのホーム画面からYouTubeのアイコンをタップします。

2　おすすめ動画が表示される
YouTubeアプリが起動し、おすすめの動画が表示されます。

3　動画を見る
好きな動画をタップして再生します。

▶ 設定画面を表示する

設定画面からはさまざまな設定ができます。

1　「設定」をタップする
画面右上の ⋮ ＞「設定」をタップします。

160

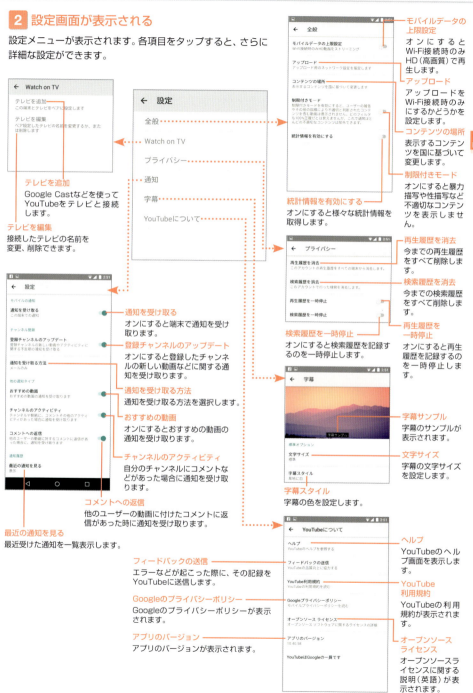

Part 6 スマートフォンからYouTubeを楽しむ

評価や再生リストへの追加を行う

Androidアプリからも動画の評価、再生リストへの追加ができます。

＋をタップすると再生リストへの追加ができます。

をタップすると、不適切な動画の報告、字幕の表示などができます。

をタップするとSNSなどへの共有が行えます。

をタップすると動画の評価ができます。

> **Zoom インストールしているアプリによって異なる**
>
> 共有ボタンを押すと表示されるサービスは、スマートフォンにインストールしているアプリによって異なります。

> **Zoom YouTubeにログインしているGoogleアカウントを確認する**
>
> YouTubeアプリにログインしているアカウントを確認するには、「アカウント」アイコン をタップすると、現在ログインしているGoogleアカウントが表示されます。違うGoogleアカウントでログインしたい場合は、「ユーザー名」をタップして、「ログアウト」をタップし、改めて別のアカウントでログインします。

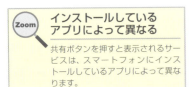

タップします

ログインしているGoogleアカウントが表示されます

162

Step 6-3
スマートフォンから投稿する

スマートフォンで撮影した動画は、YouTubeアプリから簡単にアップロードすることができます。また、iPhoneの「写真」アプリやAndroidの「Googleフォト」アプリなどからアップロードすることも可能です。

▶ YouTubeアプリから動画をアップロードする

YouTubeアプリから直接動画をアップロードすることができます。動画の前後をカットしたり、色味を変えたりといった、ちょっとした編集作業も可能です。iPhone版とAndroid版のYouTubeアプリでは、同じように投稿できますが、若干、編集画面の見た目が多少異なります。ここではiPhone版アプリの画面で解説しています。

1 ボタンをタップ

YouTubeアプリを起動し、 をタップして、 ボタンをタップします。

2 動画を選ぶ

画面上部のビデオマークをタップすると動画を撮影できます。iPhoneに保存された動画を選択するときは、画面下部の一覧から、アップロードしたい動画をタップします。

3 動画編集画面

選択した動画の編集画面が表示されます。画面下部に表示されている青い枠を左右にフリックすることで、動画の始まるポイントと終わるポイントを調整することができます。

Part 6　スマートフォンからYouTubeを楽しむ

4　フィルタ画面

画面下部の◙ボタンをタップすると、動画の色合いを簡単に変更することができます。

5　音楽の追加

画面下部の♫ボタンをタップすると、動画にBGMを付けることができます。

6　編集の終了

動画の編集が終了したら画面右上の→をタップします。

7　タイトルと説明文

動画のタイトルと説明文を入力し、公開範囲を設定したら画面右上の➤ボタンをタップします。

8　アップロード開始

動画のアップロードが開始されます。通信環境によってアップロードにかかる時間は異なります。

9 動画を確認

完了したら動画のサムネールをタップします。アップロードした動画がきちんと再生されるか確認しましょう。

アップロードをWi-Fi接続時のみにする

長時間の動画をアップロードすると、回線の状態にもよりますが、かなり時間がかかってしまうことがあります。また、大量の動画をアップロードするとパケット容量制限に達してしまう危険もあります。「設定」メニューにある「Wi-Fiアップロード」にチェックを入れておけば、Wi-Fi接続時のみアップロードを行うことになりますので、このような事態を避けることができます。

▶ Youtube Captureから動画をアップロードする

「YouTube Capture」はGoogleが提供するYouTubeに動画をアップロードすることに特化したアプリです。現在のところiPhone版しか提供されていません。

1 「YouTube Capture」をダウンロード

「App Store」から「YouTube Capture」をダウンロードして起動します。

2 動画を撮影して編集

起動するとすぐに動画を撮影することができます。

YouTube Perfect GuideBook **165**

Part 6　スマートフォンからYouTubeを楽しむ

3 撮影した動画をアップロード

撮影した動画はそのまま編集し、タイトルをつけてすぐにアップロード可能です。アップロードした動画はサムネイルで一覧表示されます。タップするとYouTubeアプリが開いて確認できます。

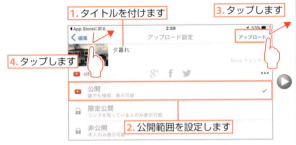

1. タイトルを付けます
3. タップします
4. タップします
2. 公開範囲を設定します

YouTubeアプリが開いて確認できます

▶ iPhoneの写真アプリから動画をアップロードする

iPhoneで撮影した写真や動画を整理・閲覧する「写真」アプリから直接YouTubeに動画をアップロードしてみましょう。

1 動画を撮影する

iPhoneの「カメラ」アプリを使って動画を撮影します。YouTubeにアップする場合、できれば横画面で撮った方がいいでしょう。

タップして起動します

タップして撮影します

2 「写真」アプリを起動

iPhoneのホーム画面から「写真」アプリをタップして起動します。

タップして起動します

3 動画を選択する

画面下メニューから「アルバム」、その中から「ビデオ」をタップすると撮影した動画が一覧表示されます。YouTubeにアップロードしたい動画を開きます。画面左下の⬆アイコンをタップします。

アップロードしたい動画を選択してタップします

タップします

166

4 YouTubeを選択する

表示された共有メニューから「YouTube」のアイコンをタップします。

5 タイトルなどを入力してアップロード

「動画を公開」画面が表示されます。動画のタイトル、説明、解像度、カテゴリ、公開範囲などを設定し、画面右上の「公開」をタップします。

6 アップロード

アップロードが開始されます。通信環境によってアップロードにかかる時間は異なります。終了したら「YouTubeに表示」をタップします。

7 動画を確認する

YouTubeアプリが起動し、アップロードされた動画のページが開きます。きちんと再生されるか確認しましょう。

▶ Googleフォトから動画をアップロードする

YouTubeを運営するGoogleが提供する「Googleフォト」は、スマートフォンで撮影した写真や動画を整理・閲覧できるだけではなく、Googleが提供するクラウドストレージに無料で自動アップロードできる便利なアプリです。このアプリのAndroid版にはYouTubeへの直接投稿機能も用意されています。

1 「Googleフォト」をインストール

Googleフォトアプリが標準でインストールされていない場合は、Playストアからインストールします。

Googleフォト
Android アプリ ｜ 無料 ｜ Google, Inc. ｜ メディア＆動画

Zoom: iPhone版GoogleフォトにはYouTubeアップロード機能なし

iPhone版の「Googleフォト」では2015年11月現在YouTubeアップロード機能がありません。近いうちにアップデートで追加される可能性は高いです。

YouTube Perfect GuideBook **167**

Part 6　スマートフォンからYouTubeを楽しむ

2 「Googleフォト」を起動

「フォト」アイコンをタップして「Googleフォト」を起動します。

3 動画を選択

YouTubeにアップロードしたい動画をタップします。

4 YouTubeでシェア

動画再生画面の左下にある　ボタンをタップ、続いて「YouTube」アイコンをタップします。

5 ムービー編集画面

ムービー編集画面が表示されます。タイトルと説明を入力したら右上の　ボタンをタップします。

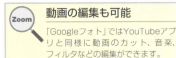

動画の編集も可能
「Googleフォト」ではYouTubeアプリと同様に動画のカット、音楽、フィルタなどの編集ができます。

6 アップロード完了

動画のアップロードが完了したらサムネイルをタップして再生を確認しましょう。

Step 6-4

YouTubeクリエイターツールで動画を管理する

公式の「YouTubeクリエイターツール」アプリを使用すると、スマートフォンからYouTubeをさらに便利に使いこなすことができます。投稿した動画の統計情報を確認したり、コメントに返信したり、通知を受け取ったりできます。

▶ YouTubeクリエイターツールを活用する

YouTubeクリエイターツールは、パソコンを使わなくてもスマートフォンで自分のチャンネルの統計情報を確認できる便利なアプリです。表示される内容はパソコン版の「アナリティクス」とほぼ同様ですので、詳しくは143ページを参照してください。

1 YouTubeクリエイターツールをインストール

iPhoneの場合はApp Store、Androidの場合はPlay ストアからアプリをインストールします。ここではiPhone版で操作を説明します。

2 YouTubeクリエイターツールを起動

「クリエイター」アイコンをタップして「YouTubeクリエイターツール」を起動します。

3 ダッシュボードが表示される

Googleアカウントでログインすると「YouTubeクリエイターツール」のダッシュボードが表示されます。この画面だけでアナリティクスの概要（総再生時間、視聴回数、チャンネル登録者、推定総収益）と最新動画のサマリーが確認できます。

タップします

ダッシュボードが表示されます

Part 6 スマートフォンからYouTubeを楽しむ

4 メニューを表示する

画面左上の≡アイコンをタップするとメニューが表示されます。閲覧したい項目をタップします。

再生リスト
作成した再生リストの一覧が表示されます。リストをタップすると詳細を確認できます。

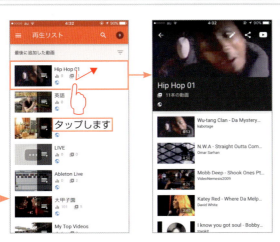

コメント
自分の動画についたコメントが一覧表示されます。タップして返事を書くことも可能です。

アナリティクス
アナリティクス画面が表示されます。画面上部のタブを切り替えることで「概要」、「収益」、「到達経路」、「ユーザー層」、「インタラクティブなコンテンツ」、「再生リスト」の統計を見ることができます。

YouTube
タップするとYouTubeアプリが開きます。

Part 6　スマートフォンからYouTubeを楽しむ

Step 6-5

YouTubeモバイルを使う

Android/iPhoneアプリを使わずに、スマートフォンのブラウザで携帯用のYouTubeサイト「YouTube モバイル」にアクセスして動画を楽しむこともできます。

▶ YouTubeモバイルで動画を再生する

YouTubeモバイルで見たい動画をクリックすると、自動的にスマートフォンの動画プレイヤーが起動し、ムービーの再生が始まります。

1 見たい動画を選ぶ

ブラウザで、「YouTube（http://www.youtube.co.jp/）」アクセスすると、スマートフォンに最適化されたYouTubeモバイルが表示されます。お気に入りや検索などから見たい動画を選び、タイトルかサムネイルをタップします。

2 動画の個別ページ

動画の個別ページに移動します。タップして動画を再生します。

評価や共有もできる

パソコンやiPhone／Androidアプリと同様に動画の評価、再生リストへの追加、SNSへの共有などが行えます。

ブラウザとアプリ、どっちを使えばいいの？

スマートフォンでYouTubeを利用するには2つの方法があります。ひとつはウェブブラウザでYouTubeモバイルにアクセスする方法、もう一つは専用のYouTubeアプリを使う方法です。
機能や使い方はほぼ同じですので、どちらでも好みの方法を利用すればいいのですが、動画を直接アップロードする機能はアプリにしかないので、どちらかと言えばアプリの方をおすすめします。

＋をタップすると再生リストへの追加ができます。

▶をタップすると、不適切な動画を報告できます。

＜をタップするとSNSなどへの共有が行えます（上記参照）。

👍👎をタップすると動画の評価ができます。

172

YouTube Perfect GuideBook

Part 7

その他の詳細設定と活用ワザ

　YouTubeの様々な機能を紹介してきましたが、YouTubeでできることはこれだけではありません。また、Googleが提供するウェブブラウザChromeと、その拡張機能を利用することでYouTubeにさらに機能を追加し、便利に利用することができます。ここではそのいくつかを紹介します。

Part 7　その他の詳細設定と活用ワザ

Step 7-1

複数のチャンネル／アカウントを使用する

仕事関係とプライベートを使い分けたいと思ったり、動画のジャンル毎に管理したいと思った場合、同じアカウントにすべてのムービーをアップロードしたくないケースもあるでしょう。そんなときは、チャンネルを複数持つことができます。また、複数のGoogleアカウントを取得し、アカウントごと使い分けることも可能です。

▶ 複数のチャンネル／アカウントを作る

チャンネルを複数持ちたいと思った場合、方法は2通りあります。「1つのGoogleアカウントの中に複数のチャンネルを作る方法」と、「Googleアカウント自体を複数持つ方法」です。

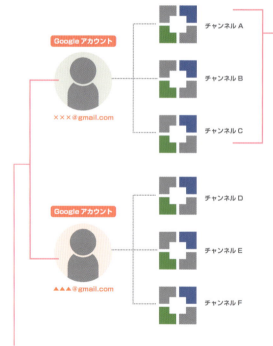

複数のチャンネルを作れる

1つのGoogleアカウントの中に、複数のチャンネルを作ることができます。ログインしたまま、いつでも使用チャンネルを選択できるので、ジャンル毎に切り替えて使うのに便利です。

Googleアカウントを複数作ってログインを切り替える

Googleアカウントは複数持つことを禁止されていないので、Googleアカウントを複数作成し、YouTubeで使用するアカウントを使い分けることができます。もちろんGoogleアカウントごとに複数のチャンネルを作ることができます。

▶ 複数のチャンネルを作成して使い分ける

初期状態ではチャンネルはひとつしか作成されませんが、設定画面を利用することで、複数作ることができます。商品紹介のチャンネルと、ゲーム実況のチャンネルを分けるなど、目的によって使い分けるといいでしょう。

1 設定画面を開く

画面右上のアイコンをクリックしてユーザーメニューを表示させ、「設定」アイコンをクリックします。

2 新しいチャンネルを作成

アカウント設定画面が開くので、「概要」をクリックし、「その他の機能」の下にある「新しいチャンネルを作成」をクリックします。

3 チャンネルの名前を決める

新しいチャンネルの作成画面が開きます。「チャンネル名の設定」を入力し、カテゴリを選択します。「ページの利用規約に同意する」にチェックをいれて「完了」をクリックすると、チャンネルが作成され、新しいチャンネルが開きます。

チャンネルを切り替える

チャンネルを複数作成したあとは、投稿や情報の編集を行うときにチャンネルを切り替えましょう。画面右上のアイコンをクリックすると、作成したチャンネルが並んで表示されます。使用したいアカウントをクリックして切り替えます。

Part 7 その他の詳細設定と活用ワザ

▶ 使用しないチャンネルを削除する

不要になったチャンネルや、間違って作成してしまったチャンネルは削除します。チャンネルの削除は、アカウント設定の詳細設定から操作します。

1 設定画面を開く

画面右上のアイコンをクリックしてユーザーメニューを表示させ、「設定」アイコン ⚙ をクリックします。

2 詳細設定を開く

アカウント設定画面が開きます。「概要」をクリックし、「詳細設定」をクリックします。

3 チャンネルを削除

画面の一番下にある「チャンネルを削除」をクリックすると、現在使用しているチャンネルが削除されます。

Zoom チャンネルセレクターでチャンネルを切り替える

チャンネルの切り替えは、「チャンネルセレクター」画面でも行えます。アカウント設定画面を開き（上記参照）、「概要」＞「チャンネルをすべて表示するか、新しいチャンネルを作成する」をクリックすると、「チャンネルセレクター」画面が開きます。現在利用中のチャンネルが表示されるので、切り替えたいチャンネルをクリックしましょう。また、チャンネルの新規追加もできます。

176

▶ 別のGoogleアカウントでログインする

すでにログインしているアカウントとは別のGoogleアカウントに切り替えます。あらかじめ別のGoogleアカウントを新規取得しておきましょう。

1 「アカウントを追加」をクリック

YouTubeにログインした状態で画面右上のプロフィールアイコンをクリックし、「アカウントを追加」をクリックします。

2 別のアカウントでログインする

Googleアカウントのログイン画面が表示されるので、別のアカウントをクリックします。

3 ログイン完了

別のアカウントでログインできました。

アカウントを切り替える

プロフィールアイコンをクリックすると表示されるメニューから「その他のアカウント」欄にあるアカウントをクリックすると、別のアカウントでログインし直しできます。

YouTube Perfect GuideBook　**177**

Part 7　その他の詳細設定と活用ワザ

Step 7-2

年齢制限付き動画の閲覧環境を確認する

　YouTubeでは、成人以上の年齢が登録してあるGoogleアカウントでないと、年齢制限のある動画を再生できません。日本では、Googleアカウントは13歳以上の年齢になれば作ることができます。子ども用のGoogleアカウントの年齢は正確に登録することで、年齢制限付きの動画は再生できなくなります。

▶ アカウントに設定している年齢を確認する

年齢制限が設けられた動画を再生できるユーザーかどうかは、Googleアカウントに関連付けられている年齢で判断されます。年齢は、以下の手順で年齢を確認することができます。

登録している年齢（生年月日）を確認する

生年月日の確認は、Google+から行います。

1 Google+にログイン後、「アカウント」ボタンをクリックする

ブラウザで「Google+(https://plus.google.com/)」にアクセスし、Googleアカウントでログインします。右上の「ユーザーアイコン」をクリックし、「アカウント」ボタンをクリックします。

2 個人情報をクリック

アカウント情報ページが開きます。「個人情報」をクリックします。

178

3 生年月日を確認

Googleアカウントに登録されている個人情報が表示されます。生年月日を確認しましょう。

登録している年齢（生年月日）を変更する

上記の個人情報ページから登録年齢を変更できます。生年月日欄をクリックすると生年月日と年齢の詳細が表示されます。右上の🖉をクリックし、ポップアップ画面を表示させ、生年月日を入力して「更新」をクリックします。年齢確認画面に変更するので、確認して「確認」をクリックすると、生年月日が変更されます。

▶ 子どもに見せたくない動画を再生しない設定に変更

YouTubeにはたとえコミュニティガイドラインに抵触していなくてもユーザーが不快と感じる成人向けの動画や、視聴年齢が制限されている動画へのアクセスを極力防ぐ「制限付きモード」が用意されています。画面最下段のドロップダウンメニューで有効にしておくと、検索結果などにも成人向け動画が表示されなくなります。パソコンを共有している子どもなど、他のユーザーに勝手に解除させないように「このブラウザの制限付きモードをロック」することも可能です。

Part 7 その他の詳細設定と活用ワザ

Step 7-3

通知設定／再生方法の設定をする

アカウント設定画面ではYouTube上でのプライバシー情報の取り扱い方や、各種情報のメール通知機能、動画の再生方法を指定できます。

▶ アカウント設定画面から詳細設定を変更する

画面右上のプロフィールアイコンをクリックし、⚙をクリックすると、各種設定画面が表示されます。

クリックして設定画面を開きます

通知受け取り状況を設定する

画面左のメニューから「通知」を選択すると、現在YouTubeのログインに利用しているメールアドレスへ届く最新情報通知などの受信設定が変更できます。メールがたくさん届いて困っている場合は、一番上で「必要なサービス通知メールのみ受信する」を選択しましょう。

動画の再生方法を変更する

画面左のメニューから「再生方法」を選択すると、回線状況やパソコンのスペックに合わせて最適な再生環境を設定することができます。その他、字幕やアノテーションの表示の有無も選択可能です。

Step 7-4

動画の投稿などを自動的にTwitterに投稿する

YouTubeにはTwitterとの連携機能が用意されています。連携しておけば、新しい動画をアップロードした時や、動画に高い評価を付けた時などに自動的にTwitterにツイートが投稿され、フォロワーに知らせることができます。

▶ Twitterアカウントを連携する

観ている動画を「お気に入り」登録したり、高く評価したりすると、その情報が自動的に各Webサービスで共有されます。

1 Twitterと「接続」する

画面右上のプロフィールアイコンをクリックし、⚙をクリックします。画面左のメニューから「接続済みアカウント」を選択し、Twitterの「接続」ボタンをクリックします。

2 アプリを認証する

TwitterのユーザーIDとパスワードを入力し、「連携アプリを認証」ボタンをクリックします。

3 変更内容を保存する

Twitterアカウントが接続されました。共有したいアップデートを指定して、画面左下の「保存」ボタンをクリックします。

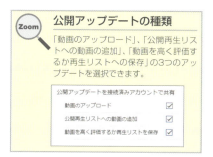

公開アップデートの種類

「動画のアップロード」、「公開再生リストへの動画の追加」、「動画を高く評価するか再生リストへの保存」の3つのアップデートを選択できます。

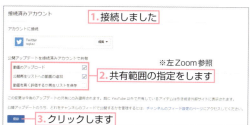

Part 7　その他の詳細設定と活用ワザ

Step 7-5
メッセージをやり取りする

気に入ったムービーをアップロードしているユーザーを見つけたら、その人に直接メッセージを送って交流することができます。

▶ メッセージを送信する

メッセージは相手のチャンネル画面から送信することができます。

1 チャンネル画面を開く

メッセージを出したい相手のチャンネル画面（58ページ参照）を開きます。

2 「メッセージを送信」を選択

「概要」タブをクリックし、「メッセージを送信」を選びます。

3 メッセージを送信する

メッセージを入力し、「送信」ボタンをクリックします。

4 メッセージが送信された

「メッセージを送信しました。」の表示が出たら送信完了です。

182

▶ メッセージを受信する

他のユーザーから自分宛に送られたメッセージは「メッセージ」で確認します。

1 「クリエイターツール」を開く

画面右上のプロフィールアイコンをクリックし、「クリエイターツール」をクリックします。

2 「メッセージ」を開く

画面左カラムの「コミュニティ」をクリックしてメニューを開き、「メッセージ」をクリックするとメッセージが表示されます。

メッセージに返信する

メッセージに返信したい時は「返信」をクリックします。返信メッセージを入力して「返信」ボタンをクリックします。

YouTube Perfect GuideBook **183**

Part 7　その他の詳細設定と活用ワザ

Step 7-6

再生履歴を消す

YouTubeには再生したムービーの履歴を保存する機能があります。以前見たムービーを見返したい時などに便利ですが、履歴を見られたくない場合もあります。ここでは再生履歴の消し方などについて説明します。

▶ 再生履歴をクリアする

再生したムービーの履歴は「再生履歴」画面から一括で消去することができます。

1 「履歴」をクリック

左カラムメニューの「履歴」をクリックします。

クリックします

2 「すべての再生履歴をクリア」をクリック

画面上部にある「すべての再生履歴をクリア」ボタンをクリックします。

クリックします

3 確認画面が表示される

確認画面が表示されるので、もう一度「すべての再生履歴をクリア」ボタンをクリックします。

クリックします

4 再生履歴がクリアされた

すべての再生履歴がクリアされました。

再生履歴を記録したくないときは

再生履歴をクリアしても、その後に見たムービーの履歴は記録されます。今後一切履歴を残したくない場合は「すべての再生履歴をクリア」の右側にある「再生履歴を一時停止」ボタンをクリックします。

特定の再生履歴を削除する

全てではなく特定の再生履歴を削除したい場合は、再生履歴画面で削除したいムービーの右端にある×ボタンをクリックするとムービーが削除されます。

▶ 再生履歴を活用・編集する

「履歴」画面からは他にもいろいろな操作を行うことができます。

以前見たムービーを再生する

以前見たムービーを再生したい時は、再生履歴画面で見たいムービーのサムネイルまたはタイトルをクリックすれば、選んだムービーの再生が始まります。

Part 7　その他の詳細設定と活用ワザ

Step 7-7

Chromeの拡張機能を使う

　Googleが提供するWebブラウザ「Chrome」にはブラウザに様々な機能を追加できる拡張機能が無料で配布されています。Chromeの拡張機能の中にはYouTubeに機能を追加し、より便利に使うことができるようになるものがたくさんあり、いずれもインストールするだけですぐに効果があらわれるものばかりです。

▶ Chrome拡張機能のインストール

ここではChrome拡張機能のインストール方法などを説明します。

1 Chromeウェブストアにアクセス

ChromeでChromeウェブストア（http://chrome.google.com/webstore/）にアクセスします。

 拡張機能とChromeアプリ
Chromeウェブストアでは拡張機能の他にChromeアプリと呼ばれるChrome上で使用できるアプリも多数配布されています。こちらも無料でダウンロードして利用することができます。

2 「拡張機能」を選択

左側のメニューから「拡張機能」を選択します。

3 カテゴリを選択

拡張機能のカテゴリがプルダウンメニューで表示されるので、好みのカテゴリを選択します。YouTubeに関する拡張機能の多くは「娯楽」カテゴリーにあります。

 拡張機能名で検索
利用する拡張機能の名前がわかっている場合は、左上の検索ボックスに名前を入力して検索することもできます。

186

4 拡張機能を選択

利用したい拡張機能の上にカーソルを持っていくと簡単な説明が表示されます。クリックすると、個別ページに移動して詳細を知ることができます。

5 詳細画面が表示される

拡張機能の詳細画面が表示されます。画面上部のタブをクリックすることによって「概要」、「レビュー」、「サポート」、「関連アイテム」を見ることができます。画面右上の「+CHROMEに追加」ボタンをクリックするとインストールが始まります。

6 インストールの確認

拡張機能インストールの確認ウィンドウが表示されるので「拡張機能を追加」ボタンをクリックします。

Part 7　その他の詳細設定と活用ワザ

7 インストールの終了

拡張機能がダウンロード・インストールされます。拡張機能によっては自動的に解説ページが開いたり、アドレスバーの右側に拡張機能のアイコンが表示されることもあります。

インストールできました

▶ Chrome拡張機能の編集

インストールした拡張機能は、管理画面から一時停止・削除することができます。また、拡張機能によってはオプション画面で詳細な設定ができるものもあります。

拡張機能の編集画面を開く

1 設定アイコンをクリック

画面右上にある設定アイコン≡をクリックします。

クリックします

2 「拡張機能」を選択

プルダウンメニューから「その他のツール」を選択し、「拡張機能」を選択します。

1.クリックします
2.クリックします

3 拡張機能管理画面を確認する

拡張機能の管理画面が表示され、インストール済みのすべての拡張機能が一覧表示されます。

Chromeにインストールされている拡張機能

シークレットモードでの実行を許可する

シークレットモードとは、閲覧履歴やダウンロード履歴を記録しない特別なモードです。
「シークレットモードでの実行を許可する」にチェックを入れると、通常拡張機能が動作しないシークレットモードの状態でも、その拡張機能を利用することができます。

188

アクティブな拡張機能／拡張機能の一時停止

アイコンがカラーで表示されている拡張機能はアクティブな状態です。「有効」のチェックを外すとアイコンがグレー表示になり、機能が一時停止されます。もう一度チェックを入れると、アクティブに戻ります。

拡張機能を削除する

ゴミ箱のアイコン🗑をクリックすると削除ダイアログが表示され、「削除」ボタンをクリックすると拡張機能がChromeから削除されます。

> **Zoom　もう一度使いたい時は**
> 削除した拡張機能を元に戻したい時は、Chromeウェブストアからもう一度インストールし直します。

オプション画面を表示する

「オプション」をクリックすると拡張機能の使い方を見たり、各種設定を行うことができる操作画面が表示されます。ただし、操作画面が用意されていない拡張機能もあります。

アイコンからメニューを開く

アドレスバーの右側にアイコンが表示されている拡張機能は、右クリックすることによってプルダウンメニューからオプションや無効化などの操作を行うことができます。

オプション画面が表示されます

> **Zoom　拡張機能の配布期間**
> 拡張機能の配布期間が終了してしまった場合でも使い続けることはできますが、以後バージョンアップされないため不具合が起こる可能性も高くなるので、できれば利用を中止して別のものを探したほうがいいでしょう。

Part 7　その他の詳細設定と活用ワザ

Step 7-8

おすすめChrome拡張機能①「Turn Off the Lights」

再生部分以外を暗くし、まるで映画館のようにムービーを楽しむことができる機能拡張です。暗くする部分の色や透明度などを自分好みにカスタマイズすることも可能です。インストールの手順は186ページを参考にしてください。

▶ YouTubeムービーを映画のように楽しむ拡張機能

インストールするだけで、動画を映画のような気分で見ることができる拡張機能をインストールしてみましょう。

映画スクリーンの様に映像や動画を見る
Turn Off the Lights
仕事効率化　www.stefanvd.net

1 「Turn Off the Lights」をChromeにインストール

Chromeウェブストアで「Turn Off the Lights」と検索し、Chromeに追加します。具体的なインストール方法は186ページを参照してください。

Turn Off the Lightsをインストールします

2 アイコンをクリック

ムービーを再生するとアドレスバーの右側に表示されるアイコンをクリックします。

クリックします

3 周囲が暗くなった

ムービー以外の部分が暗くなり、見やすくなりました。

動画再生部分以外が暗くなります

「OPTION」画面での設定

「OPTION」画面には多数の設定項目が用意されています。

ムービーの周囲を飾る
ムービーの周囲を任意の色で飾ることができます。

背景の色を変更する
暗くなる部分の色や透明度を変更することができます。

自動停止する
ページが開いたときに動画が自動的に再生するのを止めることができます。

表示する要素を選ぶ
ムービー以外に表示する要素をチェックボックスで選ぶことができます。

自動再生する
動画の再生が始まるとともに背景を暗くする機能です。

Zoom その他の設定
他にも詳細な設定項目が多数あります。

YouTube Perfect GuideBook **191**

Part 7 その他の詳細設定と活用ワザ

Step 7-9

おすすめChrome拡張機能②「HD For YouTube」

YouTubeにはHDクオリティの高画質ムービーも多数アップロードされていますが、高画質で見るためにはムービーのクオリティをいちいち変更する必要があります。この拡張機能は、インストールするだけで何もせずとも最初からHD画質で再生されるようになります。インストールの手順は186ページを参考にしてください。

▶ 常に高画質でムービーを見る拡張機能

インストールするだけで、常に高画質設定で見ることができる拡張機能です。

すべてのYouTubeビデオをHDで再生
HD For YouTube
娯楽 web365inc.com

1 「HD For YouTube」をChromeに追加

Chromeウェブストアで「HD For YouTube」を検索し、Chromeに追加します。インストールが終わるとアドレスバーの右側にアイコン HD が表示されます（インストール方法は186ページ参照）。

2 ムービーを再生する

この状態でムービーを再生すると、最初からHDクオリティでムービーが再生されます。

HDでムービーが再生されます

3 設定を変更する

アイコンをクリックすると、デフォルト品質等の設定を変更することができます。

1. クリックします

AutoHD
画質を指定します。最高4Kまで選ぶことができます。

2. 設定を変更できます

192

Step 7-10

YouTubeで使えるショートカット

YouTubeにはムービー再生中に使えるキーボードショートカットがいくつかあります。覚えておけば、マウスを使ってカーソルを移動しなくてもキーボードでダイレクトに操作が行えるので、ムービー鑑賞中に視点が他の場所に移動することがありません。

▶ ショートカットを利用する

YouTubeで利用できるキーボードショートカットの例として、ムービーの一時停止と再生を見てみましょう。

1 ムービーを再生する
YouTubeでムービーを再生します。

2 ムービーを一時停止する
キーボードの[K]を押すと、ムービーが一時停止します。もう一度キーボードの[K]を押すと、一時停止が解除され再びムービーの再生が始まります。

▶ ショートカット一覧

YouTubeで利用できるキーボードショートカットの一覧です。

[Space]（スペース）、[K]	一時停止・停止解除
[←]、[J]	12秒巻戻し
[→]、[L]	12秒早送り
[Home]	最初に移動
[End]	最後に移動
[0]～[9]の数字キー	動画の○○%の位置にスキップ（「7」を押すと70%の位置にスキップ）
[↑]	ボリュームを上げる
[↓]	ボリュームを下げる

フルスクリーンモード
キーボードショートカットではありませんが、ムービーを直接ダブルクリックするとフルスクリーンモードに切り替わります。フルスクリーンモードからは[ESC]キーを押すと元に戻ります。

ショートカットが反応しない時
複数のアプリケーションを使用していて、バックグラウンドで再生されている時はキーが反応しません。
もし反応しない時は一度ムービーの画面をクリックし、ブラウザをアクティブにしてからキーを押しましょう。

YouTube Perfect GuideBook **193**

Part 7　その他の詳細設定と活用ワザ

Step 7-11

他のGoogleサービスで YouTube動画を使用する

Googleのクラウドストレージサービス「Googleドライブ」やGoogleのSNS「Google+」でYouTube動画を使ってみましょう。同じGoogleサービス内なので、かんたんに連携ができます。

▶ GoogleドライブのスライドにYouTube動画を埋め込む

「Googleドライブ」の機能のひとつ、「Googleドキュメント」のスライド作成ツールで新規のスライドを作成し、YouTubeの動画を埋め込んでみましょう。ムービーを挿入することで、動きのあるスライドを手軽に作ることができます。

1 「Googleドライブ」にアクセス

Chromeで「Googleドライブ（http://drive.google.com）」にアクセスし、Googleアカウントでログインします。Googleドライブの画面が表示されたら、左上の「新規」ボタンをクリックし、「Googleスライド」を選びます。

2 スライドが追加された

新しいスライドが追加されました。

3 動画を挿入

「挿入」メニューから「動画」を選びます。

4 動画挿入ウィンドウが開く

動画挿入ウィンドウが開きます。検索ボックスに挿入したいムービーのキーワードを入力すると、YouTubeの検索結果が表示されます。

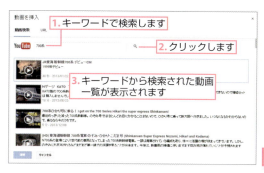

 直接動画のURLを指定する
上部のタブで「URL」を選ぶと、直接挿入したい動画のURLを指定できます。

5 挿入するムービーを決定

スライドに挿入したいムービーを選んで「選択」ボタンをクリックします。使いたいムービーがない場合は別のキーワードで検索してみましょう。

6 動画が挿入された

スライドの中央に選択したムービーが挿入されました。クリックして場所を移動したり、四隅をドラッグして拡大縮小することも可能です。

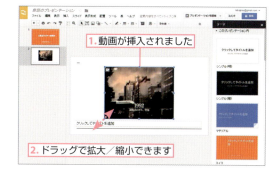

7 説明を入力する

動画の下に説明文を入力します。

 オートセーブ
「Googleドキュメント」は変更があるたびに自動的にドキュメントを保存するオートセーブ機能を持っていますので、セーブし忘れのために作業時間をムダにすることがありません。

Part 7　その他の詳細設定と活用ワザ

8　確認する

画面右上の「プレゼンテーションを開始」ボタンをクリックします。

9　スライドを表示して確認する

作成したスライドが別ウィンドウで表示されます。再生ボタンをクリックします。動画を確認しましょう。

▶ Google+でムービーを投稿する

Googleが提供するSNS「Google＋」の投稿欄にある動画ボタンをクリックすると、YouTube動画を検索し、直接投稿することができます。

1　「Google＋」にアクセス

「Google+（http://plus.google.com/）」にアクセスし、Googleアカウントでログインします。

2　ムービーボタンをクリック

画面上部の投稿欄にある動画ボタン をクリックします。

3　「YouTube動画」を選択

表示されるメニューから左端の「YouTube動画」を選択します。

撮影した動画の投稿

「URLを入力」からはURLを指定してYouTube動画を投稿、三番目の「YouTube動画」からは、自分がYouTubeに投稿した動画を投稿できます。

196

4 キーワードで検索

YouTubeムービーの検索ボックスにキーワードを入力して、「検索」ボタンをクリックします。

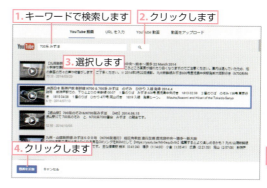

5 検索結果画面

検索結果画面が表示されるので、好みのムービーを選択し「動画を追加」ボタンをクリックします。

6 ムービーを投稿

テキストを入力し、共有相手を選択して「共有」ボタンをクリックすると投稿されます。指定した公開範囲のユーザーのストリームに表示されました。

Zoom 投稿の共有範囲

「Google+」では「サークル」という機能を使って投稿の共有範囲を選ぶことができます。

▶ ハングアウトで使用する

「Google+」のビデオチャット機能「ハングアウト」の画面共有を使うと、YouTubeの動画を見ながら友だちとチャットをすることができます。ビデオハングアウトの左にマウスポインターを移動すると表示されるメニューから「画面共有」アイコンをクリックして、YouTubeが開かれているウインドウを選択してみましょう。

YouTube Perfect GuideBook **197**

Part 7　その他の詳細設定と活用ワザ

Step 7-12

映画をレンタルする

YouTubeでは人気の映画を有料（一部無料）でレンタルして見ることができます。なお、支払いにはクレジットカードが必要です。

▶ YouTubeで映画をレンタルする

YouTubeで映画をレンタルしてみましょう。支払いには「Google Wallet」という決済システムを使用します。一度登録してしまえば、以後は少ない手順で簡単にレンタルできます。なお、スマートフォンでも映画レンタルは可能です。

1　「映画」をクリック

メインメニュー下部の「チャンネル一覧」をクリックしてBest of YouTubeの映画カテゴリに進みます。

2　映画トップ画面

映画のトップ画面が表示されます。観たい映画を探しましょう。

3　ジャンルはサイドバーから選択

画面右側には映画のジャンルが選択できるようになっています。題名検索ではなく、ジャンルで話題の作品を探すときに有効です。

198

4 「映画」のトップ画面を表示させる

おすすめチャンネルのメインカテゴリの映画マークを選択すると、作品のレンタルや購入ができるページが表示されます。

5 ジャンルを選択する

右側のサイドバーからジャンルを選択できます。

6 映画個別ページ

見たい作品が決まったら作品名をクリックすると、プレビュー画面に移動します。

7 予告編を見る

プレビュー画面が流れ、価格をクリックすると購入やレンタルの手続きへと移行します。

1. プレビュー画面に移動しました

2. 予告編を視聴できます

YouTube Perfect GuideBook **199**

Part 7 その他の詳細設定と活用ワザ

8 値段をクリックする

レンタルすることに決めたら、タイトルの下にある値段が書かれたボタンをクリックします。

無料映画の場合

無料の映画には値段ではなく「今すぐ見る」ボタンが表示されます。クリックすると決済手続きなしにそのまま見ることができます。

9 レンタルの詳細が表示される

選択した映画のレンタル期間などが表示されます。間違いがないことを確認し、レンタルの種類を選択します。

10 「Google Wallet」が起動

Googleの決済システム「Google Wallet」が起動します。値段を確認して「今すぐ開始」をクリックします。

登録済みの場合

ここでは「Google Wallet」の初回登録方法を説明していますが、すでに登録済みの場合は「今すぐ開始」ではなく「購入」ボタンが表示され、すぐに購入手続きに移ることができます。

11 「Google Wallet」設定画面

「Google Wallet」設定画面が表示されます。名前やクレジットカード番号、有効期限などの情報を入力しましょう。

200

Zoom PayPalでも購入可能

PayPalのアカウントが登録されていれば、クレジットカードの新規登録をすることなく、PayPalの引き落とし情報でビデオをレンタルすることができます。

12 確認画面

最終確認画面が表示されるので、問題がなければ「購入」ボタンをクリックします。

13 購入完了

これで購入は完了です。「OK」ボタンをクリックしましょう。

14 映画を鑑賞

購入した映画を鑑賞しましょう。期間内なら何度でも見ることができます。

YouTube Perfect GuideBook **201**

Part 7 その他の詳細設定と活用ワザ

購入した映画を後から見たい場合

レンタル期間内なら、映画を何度でも見ることができます。

1 動画の管理を開く

左上のメニューを開き、「購入済み」をクリックします。

2 「購入済み」を選択

現在見ることができる映画が一覧表示されます。

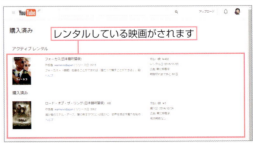

3 再生する

クリックして再生します。

Zoom 映画のレンタル期限を確認する

レンタル期限も、左カラムの「購入済み」から確認できます。右側にレンタル期限が表示されています。

Step 7-13

YouTubeをテレビで楽しむ

比較的新しいテレビには、YouTubeの視聴機能がついていることがあります。この機能を使うことで、PCで開いているYouTube動画を、テレビに転送することが可能です。PS 4を持っている場合は、PS 4のYouTubeアプリを使って、PCの動画をテレビに映し出すこともできます。

▶ PCとテレビを連携させる

YouTubeをテレビで見るには、はじめにテレビまたはゲーム機とパソコンをペア設定しておく必要があります。テレビやPS 4でYouTubeアプリを起動しておき、ペア設定用の番号をPCに入力するだけで設定が完了します。

1 ペア設定コードを入力する

事前にテレビやPS 4でYouTubeアプリを起動させてペアコードを表示しておきます。PCを開き、画面右上のYouTubeアカウント > をクリックします。左メニューの「接続済みのテレビ」をクリックして、テレビに表示されているペアコードを入力します。「このテレビを追加」をクリックします。

2 ペア設定が完了する

ペア設定コードが正しく入力できていれば、この画面が表示されます。名前をわかりやすいものに変更して、「名前を変更」ボタン >「完了」ボタンをクリックします。

3 動画を再生する

PCで動画を検索し、再生したい項目を開きます。「今すぐ再生」をクリックすると、テレビで再生されます。

Part 7　その他の詳細設定と活用ワザ

Step 7-14

YouTube Redとは

YouTube動画の広告を非表示にする等、さらにYouTubeを深く楽しむための有料サービス「YouTube Red」が米国でスタートしました。2015年11月現在、日本ではサービスが開始されていませんが、近日中にサービス開始予定です。

▶ YouTubeの提供する有料サービス

2015年10月21日（現地時間）、YouTubeは、新有料サービス「YouTube Red」を発表しました。まず10月28日に米国で提供を開始し、他の地域にも対応させる予定です。YouTube Redの料金は月額9.99ドルで、主なサービスは以下になります。

YouTube Redの特典①広告なしで動画が見れる

YouTube RedのメンバーになったアカウントでログインしてログインしてログインしてYouTubeを使用すると、動画に広告が表示されなくなります。

YouTube Redの特典②オフライン保存ができる

動画を端末にダウンロードしてオフラインで視聴できます。ダウンロードした動画は30日間視聴可能です。

YouTube Redの特典③バックグラウンド再生ができる

モバイルで他のアプリを開いても、動画の再生を続けることができます。他のアプリを使いながらBGMとして使えるようになります。

その他の特典

YouTube Redに入会すると音楽サービス「Google Play Music」を利用できるようになります。逆に、現在「Google Play Music」の会員であれば、YouTube Redの機能をすべて使うようになります。さらに、人気YouTuberのYouTube Red会員だけに向けた番組なども作成される予定です。

▶ YouTube Redに申し込む

YouTube Red会員への申し込みは、https://www.youtube.com/redから行います。2015年11月現在、まだ準備中ですが、間もなく公開される見込みです。詳しくは、YouTubeのヘルプ（https://support.google.com/youtube/answer/6305537?hl=ja）をチェックしてください。

INDEX

数字
- 15分以上の長さの動画 96
- 3D動画を指定 88

A・B
- AdSenseアカウントに関連付ける 138
- Android 160
- BGM 102

C・F
- CC 115
- Chrome拡張機能 .... 186〜192
- CPM 146
- Facebook 39

G
- Gmailアドレス 14
- Google AdSense 134
- Google+ 17, 40, 196
- Googleアカウント 11, 14
- Googleアカウントを切り替える 177
- Googleアカウントを取得 15
- Googleサービス 11
- Googleドライブ 194
- Googleフォト 91, 167

H・I・S
- HD For YouTube 192
- iPhone 156
- SNS 39

T
- Turn Off the Lights 190
- Twitter 39
- Twitterに自動投稿 181

U・V・Y
- URL 41
- VHS 85
- Youtube Capture 165
- YouTube Red 204
- YouTubeクリエイターツールアプリ ... 169
- YouTubeとは 10, 12
- YouTubeの他のページ 149

あ行
- アイコン 17
- アイコンの変更 71
- アカウント確認 127
- アカウント認証 96
- 明るさ調整 100
- アクティビティ 60
- アクティビティを制限 73
- アップロード 22, 86
- アップロードの上限 96
- アップロードのデフォルト設定 131
- 後で見る 45
- アナリティクス 143
- アナリティクスのデータフィルター 145
- アナログデータ 85
- アノテーション 105
- アノテーション（アナリティクス）.... 152
- アノテーションの種類 110
- アノテーションの非表示 180
- アノテーションを編集 112
- アプリ 156, 160
- 一時停止 26
- イベントを作成 130
- 色温度 100
- ウィジェット 154
- ウェブカメラから録画する 90

- 埋め込みコード 42
- 映画をレンタル 198
- エッジのシャープネス 118
- 閲覧 24
- エンコーダー 127
- オーディオライブラリ 103
- おすすめチャンネルへの表示をしない ... 82
- おすすめチャンネルを設定 81
- おすすめ動画 30
- オススメのチャンネル 64
- 音楽 102
- 音楽をダウンロード 103
- 音声 102
- 音量 27

か行
- カード 122
- カード（アナリティクス）................... 152
- 会社名 19
- 解析 143
- 回転 .... 100〜101
- 外部リンク 81
- 概要 60, 79
- 拡大 27
- 加工 100
- カット .... 100〜101, 115
- 画面の構成 22
- 関連動画 29
- キーボードショートカット 193
- 帰属表示 104
- 共有（アナリティクス）...................... 151
- 共有する 39
- 切り替え効果 117
- 国 44
- クラウドファンディングプロジェクト ... 109

クリエイターツール 82, 92	コントラスト 100	すべての再生リストを非公開にする.......56
クリエイティブ・コモンズ 88, 115		スポットライト 111
クリエイティブ・コモンズ動画..........115	**さ行**	スローモーション 100
クリップを追加 113		制限付きモード 179
言語を変更 44	再生 24	成人向けの動画 179
検索 22	再生時間 147	セクションを追加 77
検索結果を絞り込む 34	再生時の環境設定 180	接続済みのテレビ 203
検索履歴 31	再生場所 148	説明文 80
限定公開 95	再生リストに追加 47	全画面表示 28
公開再生リストへの動画の追加 73	再生リストに含まれている動画数....151	操作 26
公開される自分の情報を限定する 72	再生リストの公開設定 56	総再生時間レポート 147
公開設定 56	再生リストのサムネイル 54	
効果音 104	再生リストの順番を変更 51	**た行**
高画質表示 28	再生リストの編集 ....50～55	
効果を加える 97	再生リストを作る 46	タイトル 87
広告が自動的に挿入される場合 82, 140	再生リストを見る 49	タイトル（アノテーション）................111
広告収益のしくみ 134	彩度 100	タイムラプス 100
広告の掲載結果 146	削除 94	タグ 87
広告の個別設定 141	撮影道具 84	ダッシュボード 153
広告の集類 135, 137	サムネイルを選択 87	地域を変更 44
広告の種類を選択 142	支援金 109	チャンネル 16, 19, 58
広告の非表示 82, 140	資金調達 109	チャンネルアート 70
広告を消す 25	視聴者維持率 148	チャンネル一覧 22
広告をサポートする音楽 104	視聴者の反応レポート 150	チャンネルセレクター 176
広告を表示させる設定 136	自動修正 100	チャンネル登録 150
更新通知設定 65	自分の動画の横での	チャンネル登録者数を非公開 82
高評価 36	広告の表示を許可する............82, 140	チャンネル登録を解除 65
コード 42	字幕 124	チャンネルナビゲーションの設定..........75
個人情報 178	字幕の設定 88, 180	チャンネルの画面 59
固定表示 75	写真アプリ 166	チャンネルの詳細設定 82
子どもに見せたくない動画..........179	シャッフル再生 49	チャンネルの追加 175
このブラウザの制限付きモードをロック...179	収益受け取りを有効にする 136	チャンネルの登録 ....59, 61～62
コメント 78	消音 27	チャンネルの並び替え 66
コメント（アナリティクス）..........151	ショートカット 193	チャンネル名 17
コメント設定 88	所有するライセンスと権利 88	チャンネル名を変更する 82
コメントを送る 37	推定収益額 146	チャンネルを切り替える 175
コンテンツに関する忠告 88	スタビライズ 100	チャンネルを削除 176
	ストリーム名／キー 128	注 110

注釈	105
通知メールの受け取り設定	180
低評価	36
データフィルター	145
デフォルト設定	131
テレビ	203
動画が重い場合	28
動画加工ツール	97
動画の管理	92
動画の撮影場所	88
動画の統計情報	88
動画の長さ	96
動画を削除	94
動画を高く評価する再生リストを保存	73
動画をつなげる	113
動画を非公開	95
投稿	86
投稿（スマートフォンから）	163
投稿済みの動画	92
登録者数	82
登録チャンネル	22
登録チャンネルをエクスポート	67
登録リストを管理	22
トラフィックソース	149

な行

生放送	126
並び替え	32
年齢制限付き動画	43, 178
年齢を確認	178

は行

配信オプション	88
早送り	26
非公開	56, 72, 82, 95
評価（アナリティクス）	150
評価を付ける	36

表示形式を変更	93
ファイル形式	84
フィルタ	100〜101
吹き出し	107, 110
複数のチャンネル／アカウント	174
不適切な動画	43
プライバシー	72
プライバシー設定	87
フリートーク	78
ブログに動画を貼り付ける	42
プロジェクトを公開	121
プロフィール情報	16
ヘルプ	22
編集ソフト	85
ホーム	60, 74
ホームにおすすめ動画を表示	75
ホームを固定表示	75
ぼかし効果	100

ま行

マイチャンネル	17, 22, 58, 68
巻き戻し	26
末端（アナリティクス）	149
メール	41
メッセージ	182
メニュー	22
モバイル	172

や行

ユーザー層	148
有料プラン	204
ようこそYouTubeへ	24

ら行

ライブストリーミング	126
ライブストリーミング（アナリティクス）	149
ライブダッシュボード	128

ラベル	111
リアルタイム	145
リポート再生	49
履歴	31
履歴を記録しない	185
履歴を消す	184
リンク（アノテーション）	109
リンクを設定	81
レンタル	198
ログアウト	21, 22
ログイン	14, 22
録画日を指定	88

著者紹介

田口和裕（たぐち・かずひろ）

フリーライター。ウェブサイト制作会社から2003年に独立。雑誌、書籍、ウェブサイト等をを中心に、ソーシャルメディア、クラウドサービス、スマートフォンなどのコンシューマー向け記事や、企業向けアプリケーションの導入事例といったエンタープライズ系記事など、IT全般を対象に幅広く執筆。著書に「Facebook Perfect GuideBook（ソーテック・共著）」、「Evernote Perfect GuideBook（ソーテック・共著）」などがある。
[amazon 著者ページ] http://amzn.to/hvm19A

株式会社タトラエディット

代表：外村克也　月刊アスキー、アスキードットPCといったIT誌の編集員として、特集記事や書籍などを制作。その経験を活かして2012年に福岡で創業。Windows PCやMac、iPhoneなどのほか、クラウドやオフィスソフト、Minecraftの解説を得意とする。著書は『Windows 10 パーフェクトマニュアル』『Minecraftを100倍楽しむ徹底攻略ガイド』（ソーテック社）など。

YouTube Perfect GuideBook [改訂第3版]

2015年11月30日 初版　第1刷発行
2016年 8月15日　　　第2刷発行

著者	田口和裕・タトラエディット
発行人	柳澤淳一
編集人	久保田賢二
発行所	株式会社 ソーテック社
	〒102-0072　東京都千代田区飯田橋4-9-5　スギタビル4F
	電話（注文専用）03-3262-5320　FAX03-3262-5326
印刷所	図書印刷株式会社

©2015 Kazuhiro Taguchi, TatraEdit
Printed in Japan
ISBN978-4-8007-1119-9

本書の一部または全部について個人で使用する以外著作権上、株式会社ソーテック社および著作権者の承諾を得ずに無断で複写・複製することは禁じられています。
本書に対する質問は電話では受け付けておりません。また、本書の内容とは関係のないパソコンやソフトなどの前提となる操作方法についての質問にはお答えできません。
内容の誤り、内容についての質問がございましたら切手・返信用封筒を同封のうえ、弊社までご送付ください。
乱丁・落丁本はお取り替え致します。

本書のご感想、ご意見、ご指摘は
http://www.sotechsha.co.jp/dokusha/
にて受け付けております。Webサイトでは質問は一切受け付けておりません。